GW00537524

TRENTE-TROIS QUESTIONS SUR L'HISTOIRE DU CLIMAT

DU MÊME AUTEUR

Histoire du Languedoc, PUF, 2010 [2000].
Histoire et système (dir.), Cerf, 2010.
Histoire du climat depuis l'an mil. Vol. 2, Champs Flammarion, 2009 [1990].
Histoire du climat depuis l'an mil. Vol. 1, Champs Flammarion, 2009 [1990].
Histoire humaine et comparée du climat. Vol. 3. Le réchauffement de 1860 à nos jours, Fayard, 2009.
Histoire humaine et comparée du climat. Vol. 2. Disettes et révolutions, Fayard, 2006.
Le Siècle des Platter III. L'Europe de Thomas Platter. France, Angleterre, Pays-Bas, 1599-1600, Fayard, 2006.
Henri IV ou l'ouverture, Bayard, 2005.
Ouverture, société, pouvoir. De l'Édit de Nantes à la chute du communisme, Fayard, 2005.
Histoire humaine et comparée du climat. Vol. 1. Canicules et glaciers, Fayard, 2004.
Histoire des paysans français. De la Peste noire à la Révolution, Seuil, 2002 ; Points, 2006.
Histoire de France des régions. La périphérie française, des origines à nos jours, Seuil, 2001 ; Points, 2005.
Le Siècle des Platter II. Le voyage de Thomas Platter, 1595-1599, Fayard, 2000.
Saint-Simon ou le système de la Cour, Fayard, 1997.
L'Historien, le chiffre et le texte, Fayard, 1997.
Mémoires. 1902-1945, Flammarion, 1997.
Le Siècle des Platter I. Le mendiant et le professeur, Fayard, 2000.
Parmi les historiens. Vol. 2, Gallimard, 1994.
Pierre Prion, scribe. Mémoires d'un écrivain de campagne au XVIIIe siècle, Gallimard, 1985.
Les Paysans du Languedoc, EHESS ; Champs Flammarion, 1988.
Parmi les historiens. Vol. 1, Gallimard, 1983.
Montaillou, village occitan de 1294 à 1324, Gallimard, 1982 ; Folio, 2008.
L'Argent, l'amour et la mort en pays d'Oc, Seuil, 1980.
Le Territoire de l'historien, Gallimard, 1978.

DANS LA MÊME COLLECTION

L'État royal. De Louis XI à Henri IV. 1460-1610, 2000.
L'Ancien Régime. Vol. 1. L'absolutisme en vrai grandeur (1610-1715), 2000.
L'Ancien Régime. Vol. 2. L'absolutisme bien tempéré (1715-1770), 2000.

Emmanuel Le Roy Ladurie
Entretiens avec Anouchka Vasak

TRENTE-TROIS QUESTIONS SUR L'HISTOIRE DU CLIMAT

du Moyen Âge à nos jours

Pluriel

Collection fondée par Georges Liébert
et dirigée par Joël Roman

L'ouvrage est paru en 1re édition sous le titre *Abrégé d'histoire du climat*. Cette édition a été revue et augmentée.

ISBN : 978-2-8185-0001-9
Dépôt légal : novembre 2010.

Le présent ouvrage propose ci-après le texte d'une série d'entretiens entre Emmanuel Le Roy Ladurie et Anouchka Vasak.

Emmanuel Le Roy Ladurie est professeur au Collège de France, et auteur d'une vingtaine d'ouvrages historiques dont plusieurs sont consacrés à l'histoire du climat (*Histoire du climat, depuis l'an mil*, Paris, Flammarion, 1967, 1983 et 2004 ; *Histoire humaine et comparée du climat*, Paris, Fayard, 3 vol., 2004, 2006 et 2009).

Anouchka Vasak est maître de conférences en littérature française à l'université de Poitiers ; elle est l'auteur d'une thèse soutenue à l'université Paris VII en décembre 2000, *Météorologies : discours sur le ciel et le climat, des Lumières au romantisme*, publiée aux éditions Champion en 2007. D'autre part, cette historienne a participé au livre collectif dirigé par J. Berchtold, E. Le Roy Ladurie et J.P. Sermain, *L'Événement climatique et ses représentations (XVIIe-XIXe siècle)*, paru aux éditions Desjonquères (2007), livre qui reprend les travaux et communications prononcées lors d'un colloque tenu à la Sorbonne et à la Fondation Singer-Polignac en janvier 2006.

Au terme d'une réflexion commune entre les deux auteurs, une série de questions s'est dégagée qui sont proposées ici, sous leur double responsabilité, par Anouchka Vasak.

Emmanuel Le Roy Ladurie a réagi à ces demandes et ses réponses ont été mises en forme par son interlocutrice et par lui-même. Le texte ci-après s'inspire par ailleurs largement des trois volumes précités d'Emmanuel Le Roy Ladurie, *Histoire humaine et comparée du climat*. Il a été revu ensuite par ELRL et AV en vue de la publication que voici.

Remerciements

Les auteurs remercient chaleureusement Nicole Grégoire, à qui ce livre doit tant, ainsi que les Professeurs Jean-Clément Martin et Emmanuel Garnier ; Denis Maraval, Nathalie Reignier-Decruck, Françoise Malvaud, Daniel Rousseau, Pascal Yiou, Valérie Daux, Guillaume Séchet et bien sûr Madeleine Le Roy Ladurie, *last but not least*...

Abréviations

DJF : Décembre, janvier, février.

HHCC : *Histoire humaine et comparée du climat* (par ELRL).

JJA : Juin, juillet, août.

MM : Minimun de Maunder.

UK : United Kingdom (Royaume-Uni).

1. Comment est née l'histoire du climat ?

L'histoire du climat est liée à des préoccupations actuelles : l'effet de serre et le réchauffement global. Mais elle concerne d'abord, et par définition, le passé, plus exactement une période qui irait des Xe-XIe siècles à nos jours, voire en deçà (et au-delà). J'ai tenté de décrire ce passé une première fois dans l'*Histoire du climat depuis l'An mil* (1967), et, plus récemment, dans mon *Histoire humaine et comparée du climat*. Une telle entreprise aurait dû traiter du climat planétaire dans son ensemble, mais je me suis intéressé surtout à l'environnement tempéré de l'Europe occidentale et centrale : la France du Nord, l'Angleterre méridionale et centrale (les bassins de Paris et de Londres « sans rivages » toutefois), le Benelux, l'Allemagne, la Scandinavie, la Finlande, mais non la Russie, documentairement mal connue de moi pour des raisons linguistiques. Il devrait être possible d'étendre ces recherches à l'espace maritime et océanique grâce aux registres des capitaines de navires, mais je n'étais pas en mesure de le faire, sauf pour le nord et le sud de la Manche, les façades européennes atlantiques et la mer du Nord, ainsi que, à un moindre degré, la Méditerranée.

C'est en 1955, voilà un demi-siècle, que ces recherches ont pris corps, dans les publications que je donnai à la Fédération historique du Languedoc-Roussillon, malgré l'ironie de certains de mes amis et collègues : ils taxaient l'histoire du climat de « fausse science ».

J'étais alors influencé par le marxisme et par une forme de scientisme. Les historiens marxistes en général – à l'exception de Guy Bois, Guy Lemarchand, et quelques autres – ne considéraient pas le passé du climat ; ils n'envisageaient que les relations sociales et la production matérielle, appelées, dans le vocabulaire qui leur est propre, « infrastructure ». Et pourtant, le climat constitue l'une des bases effectives de ces « forces de production ».

Je m'étais intéressé également au PAG (petit âge glaciaire) de la fin du XVIe-début XVIIe siècle, et à la « crise générale du XVIIe siècle », en tant que longue dépression économique. Y avait-il une relation entre d'une part ce PAG, caractérisé par un rafraîchissement modéré (avec neiges accrues), que répercutèrent les glaciers des Alpes en grossissant, et d'autre part une tendance générale à ce genre de vaste dépression économique notamment en France, lors du XVIIe siècle ? Plus exactement, la question pouvait être ainsi formulée : un lien de causalité existe-t-il, A étant le PAG et B la crise du XVIIe siècle, entre le climat un peu refroidi (A) et la longue crise plus ou moins générale de l'économie européenne (B) ? J'avoue ne pas avoir trouvé de réponse entièrement convaincante à cette question.

2. Quelles sont les méthodes de l'histoire du climat ?

L'histoire du climat, que pour ma part j'ai donc entreprise initialement, dès les années 1950, à partir d'études de terrain sur les langues terminales des glaciers alpins (Chamonix, Grindelwald, Aletsch... et Vernagt en Autriche), utilise diverses méthodes :

– L'étude de la croissance des arbres, via les *tree-rings* (anneaux des arbres), dite dendrochronologie, dont l'éminente spécialiste fut la regrettée Mme Serre-Bachet. La recherche dendrochronologique est spécialement captivante s'agissant de la Scandinavie, où les *tree-rings* dépendent étroitement de la chaleur (croissance des anneaux des arbres) ou de la fraîcheur (qui se traduit par des anneaux plus minces, sinon inexistants).

– L'étude des dates des vendanges, ensuite, relève de la phénologie (connaissance des dates d'apparition de tel stade de la maturité des plantes : moisson, cueillette des olives... voire début du chant de certains oiseaux...). Cette « vendémiologie » est aujourd'hui reconnue dans la communauté scientifique européenne et nord-américaine comme une source de premier plan pour l'histoire du climat. Méthode inaugurée par Alfred Angot et ses prédécesseurs au XIXe siècle et reprise en 1955 par Marcel Garnier, bon météorologiste français. La date des vendanges n'est pas, bien sûr, un thermomètre ultra-précis ; mais, précoce ou tardive, elle donne une indication tendancielle sur le plus ou moins de chaleur ou de fraîcheur du printemps et de l'été. Pour la période 1787-2000, on obtient une bonne corrélation entre les dates de vendanges bourguignonnes et les températures mesurées à Paris d'avril à septembre [1]. Les dates de vendanges ont désormais une légitimité internationale ; elles sont également étudiées en Allemagne du Sud, Suisse, Italie...

– De nouveaux documents, inédits, ont été mis au jour en Espagne par M. Barriendos : il s'agit des rogations en cas de sécheresse ou de pluviosité excessive, classées en cinq gradations de cérémonies plus ou moins longues et intenses en fonction de la gravité du mal à combattre, gradations qui vont de la simple prière au grand pèlerinage ; les rogations sont considérées aujourd'hui par les historiens ibériques comme un instrument de mesure presque aussi précis que les dates de vendanges, et cela antérieurement aux mensurations et séries thermométriques, c'est-à-dire avant

1. Voir I. Chuine, V. Daux, E. Le Roy Ladurie, B. Seguin, N. Viovy, P. Yiou, dans *Nature*, 432-44, 18 novembre 2004, p. 289 *sq*. www.nature.com/nature

1659 (début de la série thermométrique anglaise de G. Manley).

– L'étude des glaciers reste une source d'information primordiale pour l'historien du climat. Fernand Braudel avait signalé dès 1949 la poussée glaciaire alpine à la fin du XVIe siècle. Dans sa thèse, *La Méditerranée et le monde méditerranéen au temps de Philippe II*, il cite l'article précurseur (1937) de U. Monterin, glaciologue italien, notant lui-même cette avance glaciaire dans les Alpes autour de 1590-1600[1]. Aujourd'hui on connaît bien le PAG (Petit âge glaciaire), qui n'implique qu'une faible différence thermique négative (quelques dizièmes de degrés) par rapport au XXe siècle : mais malgré une forte variabilité – recul des appareils glaciaires après 1540, puis leur avance lors des décennies 1570 à 1610, jusqu'à la débâcle alpine à partir de 1857 –, le terme de PAG se justifie dans la mesure où, de 1330 et surtout depuis 1580 (selon C. Pfister) jusqu'à 1860, les glaciers des Alpes ont été constamment plus gros qu'entre 1860 et 2007. Cette constance et cette très longue durée du PAG est bien mise en valeur par le graphique de Zumbühl (1980) et les diagrammes de Holzhauser relatifs aux glaciers de Grindelwald, Gorner et Aletsch[2]. D'évidentes

1. "Il Clima sulle Alpi ha mutato in etã storica ?", Bologne, 1937. Cité *in* F. Braudel, *La Méditerranée et le monde méditerranéen I*, p. 247, Armand Colin, édition de 1966.

2. Ces graphiques sont reproduits dans l'ouvrage de Christian Pfister, *Klimageschichte...*, p. 146.

fluctuations intermédiaires ne sauraient remettre en question le concept *alpin* de PAG, du fait d'une progression de la longueur physique des glaciers, et de la très durable « grande marée », sur plus de cinq siècles (1300-1860) des appareils glaciaires, dorénavant prouvée. Néanmoins, le XVe siècle et la première moitié du XVIe siècle sont contemporains de certains retraits des glaces.

– L'étude des pollens est précieuse au regard de la longue durée, en particulier pour dater certaines poussées glaciaires dans les Alpes : l'apparition ou la disparition des pollens de diverses plantes dans les tourbières, les changements d'essences forestières peuvent correspondre à des moments où le glacier se rapproche, où la température se rafraîchit. Le facteur anthropique étant important (agriculture), l'étude des pollens se révèle pertinente, en particulier pour la préhistoire : ce fut l'époque d'un optimum climatique, entre – 5500 et – 3000, qui atteignit son maximum au quatrième millénaire avant l'ère chrétienne ; l'étude des pollens y a révélé la présence de plantes thermophiles comme le *hedera viscum* et l'*ilex* (chêne-vert) jusque dans des régions septentrionales (ainsi que l'expansion de la tortue des marais). De nos jours, le chêne-vert revient dans les régions septentrionales de la France (réchauffement climatique).

3. Qui sont les historiens du climat ?

Parmi les initiateurs de l'histoire du climat, il faut citer H. Lamb[1] et D.J. Schove[2] en Angleterre, lors des années 1960. Mais les historiens « proprement dits » qui s'appliquent à cette recherche sont peu nombreux, éventuellement snobés par quelques collègues. Longtemps je fus le seul en France (en tant qu'historien professionnel du climat). La question est fort délicate, je l'aborde aujourd'hui davantage qu'autrefois mais on doit rester très prudent. Parmi les historiens du climat européens, la Suisse est représentée par Christian Pfister[3] et par l'école de Berne (Luterbacher[4]...), la Belgique par Pierre Alexandre (*Le Climat au Moyen Âge*) ; en France, Emmanuel Garnier[5], à Caen, a repris le flambeau ainsi que de jeunes ou moins jeunes historiens, comme MM. Levavasseur et Metzger, et

1. H. Lamb, *The Changing Climate*, Londres, 1966.
2. D. J. Schove, *Sunspot Cycles*, 1983.
3. Par exemple, C. Pfister dans *Klimageschichte*...
4. Par exemple, C. Pfister dans *History and Climate*, Kluwer, 2001. Voir aussi sa *Klimageschichte*, essentielle.
5. *Chronologie climatique de la Normandie, XIe-XVIIIe siècle*, inédit.

l'éminente Martine Tabeaud. Mais on ne se bouscule pas au portillon ! Cependant, en raison de l'effet de serre et du réchauffement global, les scientifiques sont aujourd'hui demandeurs d'historiens. Ainsi s'est créé un groupe de recherche en histoire du climat au LSCE [1] de Gif-sur-Yvette, groupe animé par de jeunes scientifiques comme Pascal Yiou, Valérie Daux, Isabelle Chuine, Valérie Masson, Nicolas Viovy, Bernard Seguin [2]. On doit évoquer aussi les scientifiques « mondialistes » en histoire du climat tels que Phil Jones [3], sottement calomnié par les fouilleurs d'e-mails, et Michael Mann [4]. En Europe, nos climaticiens utilisent des sources jusqu'alors inexploitées : c'est le cas, disais-je, des rogations en Espagne, dont M. Barriendos [5] s'est fait une spécialité. En Italie, Luca Bonardi [6], à partir d'études systématiques et comparatives des vendanges, montre que la coupure de 1859-1860 marque la fin du petit âge glaciaire dans les Alpes « padanes » elles aussi, et pas seulement à Chamonix ou à Grindelwald.

---

1. Laboratoire des sciences du climat et de l'environnement.
2. I. Chuine, V. Daux, Le Roy Ladurie, B. Seguin, N. Viovy et P. Yiou, "Grape ripening as a past climate indicator", *Nature*, 432-44, 18 nov. 2004.
3. Voir P.D. Jones, *History and Climate*.
4. "Solar Forcing of Regional Climate Change during the Maunder Minimum", *Science*, 294, 7 décembre 2001.
5. M. Barriendos, C. Pfister *et al.*, « Documentary Evidence on Climate in Sixteenth-Century Europe », *Climatic Variability...*, Kluwer, 1999. Voir la question 2.
6. L. Bonardi, *Che tempo faceva*, Milan, 2004.

4. Qu'est-ce que le « petit âge glaciaire » (PAG) ? Qu'appelle-t-on hyper-PAG ?

On appelle « petit âge glaciaire » une période assez longue (1303-1860 ou tout simplement 1300-1860) faisant suite, en Europe du moins, à un petit optimum médiéval (POM) du climat. Le PAG lui-même, d'après les travaux de C. Pfister, commencerait à partir de 1300/1303 [1]. On le connaît grâce aux datations dendrochronologiques qu'ont obtenues les glaciologues suisses, notamment Holzhauser, à proximité des glaciers d'Aletsch et de Gorner. Nous manquons malheureusement de données semblables (XIVe siècle) pour la vallée de Chamonix, si l'on met à part quelques traditions orales et une datation dendrologique qui fut obtenue en zone chamoniarde il y a plusieurs années. Le premier maximum « post-avancée » des glaciers alpins (l'allongement progressif et notable à terme de leurs

1. Il y eut d'autres PAG auparavant lors de précédents millénaires. Mais ce n'est pas le sujet du présent ouvrage.

langues terminales) se produit au cours du XIVe siècle et ce jusque vers 1380 : faut-il déjà parler d'un initial « hyper-PAG » ? Cette poussée est suivie par un léger recul de ces grands appareils, *alias* « géants des Alpes », au cours de la première moitié du XVe siècle, avant une nouvelle avancée, peu impressionnante il est vrai, pendant la seconde moitié du *Quattrocento*. Du reste, ce recul s'inscrit, semble-t-il, à l'intérieur des limites du PAG : jamais, en cette fin du Moyen Âge, ne seront retrouvés « vers le haut des Alpes » les minima très accentués qui seront enregistrés à la fin du XXe siècle dans ces mêmes glaciers. Le « beau XVIe siècle », avant 1560, se caractérise par une situation quelque peu en retrait, avec même un assez fort recul de ces glaciers vers 1540-1550, dû à une certaine douceur du climat entre 1500 et 1560, qu'a bien démontrée l'école helvétique. En revanche, la période classique du PAG se situe après 1560, plus encore à partir de 1570 : on enregistre alors une forte poussée des glaciers alpins, du fait d'un régime assez fréquent d'étés dépressionnaires et pourris, frais, défavorables à l'ablation des glaces, mais aussi d'hivers froids et probablement fort neigeux. Cette poussée glaciaire culmine une première fois pendant les années 1590, au cours desquelles les glaciers de la région de Chamonix et Grindelwald culbutent des chapelles et des hameaux situés en position quasi frontale et marginale. On sait de source sûre que lors de cette période la Mer de glace était visible depuis Chamonix, ce qui ne sera plus le cas après 1860-1870, quand elle commencera à se réfugier derrière les reliefs du Montenvers. Ce qu'il est convenu d'appeler « premier hyper-PAG » se situait entre 1570 et 1630 pour les températures ou 1570-1640 pour les glaciers dilatés. À partir de 1644-1645, les glaciers chamoniards, et surtout le glacier inférieur de Grindelwald, amorcent un léger retrait, qui reste cependant, lui aussi, dans les limites très étoffées du PAG. Après 1645, si l'*hyper-PAG* semble derrière nous, on reste toujours *dans le simple PAG*. La notion de variabilité s'impose donc. Des pointes glaciaires-alpines maximales, quoique moins marquées qu'entre 1590 et 1645, se retrouvent vers 1720 (Mer de Glace, notamment) ; puis, en 1778, 1821 et 1852, on assiste à de nouvelles poussées ; et l'on peut parler ensuite d'un second hyper-PAG entre 1815 et 1855-1860. Ce second hyper-PAG, depuis Louis XVIII jusqu'au Napoléon III des premières années, serait surtout dû à des hivers très neigeux et (quand même) à certaines saisons fraîches de mai à octobre, de 1812 à 1817, etc.).

La notion d'hyper-PAG demande cependant à être nuancée. Certes, elle est valable pour le glacier inférieur de Grindelwald des années 1590 aux années 1640 ; et l'école de Berne a noté (en Allemagne) les catastrophes viticoles et agricoles (en raison des froidures, frimas, étés pourris et gelées de printemps qui se produisent « préférentiellement » entre 1617 et 1634 (avec des bûchers de sorcières, accusées d'avoir provoqué des gelées de printemps par leurs manigances).

5. Le PAG est-il uniquement européen ?

Bien que les chronologies soient assez élastiques, on retrouve le PAG en Islande, en Scandinavie et en Norvège, notamment dans la première moitié du XVIIIe siècle. En Amérique du Nord, une extension maximale des glaciers se situerait depuis le milieu du XIIIe siècle jusqu'à la seconde moitié du XIXe, avec des maxima en Alaska lors de la fin du XVIe et au milieu du XVIIIe siècle. Les dates des maxima nord-américains, quoique assez variables, sont généralement antérieures à 1900. Dans l'Himalaya, on parle d'une phase d'expansion glaciaire au début du XIXe siècle, voire jusqu'à la fin d'icelui. En Amérique du Sud, comme l'a montré Antoine Rabatel, on retrouve les fortes avancées des XVIIe et XIXe siècles. En général, la notion de PAG paraît bien avoir une portée mondiale, si l'on excepte toutefois l'Antarctique, qui a ses lois propres.

D'éminents climatologues anglo-saxons, notamment Phil Jones et Michael Mann, vont pourtant jusqu'à nier la notion même de PAG. Elle reste néanmoins admise par les glaciologues helvétiques et grenoblois, à condition d'en faire d'abord un phénomène *essentiellement alpin et purement glaciologique*, dont on peut éventuellement, dans un second temps, tirer des conclusions quant au climat. Plusieurs méthodes d'analyse nous ont permis de connaître les susdites évolutions des glaces à partir de 1580 : les textes d'archives chamoniardes et autres, certes, mais aussi une iconographie de plus en plus abondante, grâce à laquelle H. Zumbühl et C. Pfister ont pu tracer une courbe admirable et très complète de l'évolution du Grindelwald. Pour des périodes plus anciennes, il faut se contenter des troncs d'arbres coincés dans les moraines. On datait autrefois ces troncs par le carbone 14. Aujourd'hui la dendrologie permet (quant à la datation par ces arbres des poussées et/ou des retraits glaciaires) une précision à l'année près. Des méthodes d'analyse plus pointues sont disponibles aussi parmi les tourbes et les lichens.

Le PAG, phénomène glaciaire, ne permet que des inductions en ce qui concerne les *températures*, d'autant que la plus ou moins grande abondance de *neige* hivernale joue aussi un rôle essentiel. En tout état de cause, les fluctuations interséculaires caractéristiques du PAG, surtout par comparaison avec le tiède POM alpin qui l'a précédé, ne paraissent guère atteindre « au pire » 1 °C, ou même beaucoup moins ; le réchauffement, à partir du XXIe siècle, ira-t-il plus loin, jusqu'à 2 à 3 °C en plus, voire davantage ?

6. Qu'est-ce que le petit optimum médiéval (POM) ?

On peut distinguer deux périodes du point de vue climatologique lors du Moyen Âge : le « petit optimum médiéval » (POM) du IXe au XIIIe siècles ; et les débuts du PAG au XIVe siècle, avec des allures de premier hyper-PAG.

Certains historiens ont pu parler d'un « beau treizième siècle » en raison de conditions économiques et démographiques assez favorables, mais aussi de l'épanouissement du gothique. Il se trouve que, antérieurement au PAG – que l'école de Berne fait débuter vers 1300/1303 –, nous avons un petit optimum, vraisemblablement entre les VIIIe-IXe siècles et le XIIIe siècle : des derniers Carolingiens (Charles III le Simple, autour de 900) à Saint Louis inclus, voire aux débuts de Philippe de Bel. D'après Pierre Alexandre[1], cette période « douce » se caractérise

1. Pierre Alexandre, *Le Climat en Europe au Moyen Âge*, Paris, 1987.

par des étés plus tièdes et un peu plus secs (notamment de 1240 à 1290), et des hivers moins froids. Ces conditions (surtout les étés) sont plutôt favorables à la production des grains. Il est vrai qu'on connaîtra en France (2003) un été ultra-chaud pouvant porter préjudice à la production des céréales, en raison de la sécheresse excessive et de phénomènes d'échaudage qui accompagnent volontiers de telles saisons ultra-brûlantes. Les grains et les épis dans leur phase encore à demi liquide ou « molle » (mai-juin en France) résistent parfois mal à un coup de chaleur, comme ce sera le cas en Normandie en juin 2005 : bref échaudage ! Celui-ci a provoqué une diminution d'une dizaine de quintaux environ des rendements de toute façon très élevés de nos jours, à l'hectare. Tel fut aussi le cas en 1236 : la grande sécheresse qui sévit à Rouen occasionna une mauvaise récolte, mais une bonne vendange. Un été chaud et sec est en général positif pour la vigne et favorable aux céréales ; sauf sécheresse excessive (1846). On pense ici aux fécondes *Moissons* de Breughel, ensoleillées et fécondes s'il en fut jamais. Malgré quelques cas d'échaudage, les belles chaleurs du XIIe et du XIIIe siècles ont pu stimuler elles aussi l'agriculture, l'économie, la démographie des temps « gothiques [1] ».

1. Dans leur grand ouvrage intitulé *Les Glaciers à l'épreuve du climat* (Paris, Belin, 2007, pages 51 et 56), Bernard Francou et Christian Vincent évoquent aussi, outre le POM mais pour une

Le PAG en revanche devient évident à partir de l'hiver 1303 et des hivers suivants. Il se caractérise en effet par des hivers plus froids, mais aussi des étés plus frais et barbouillés, et une poussée glaciaire concomitante ou très légèrement décalée vers l'aval chronologique (glaciers suisses d'Aletsch et de Gorner notamment). Cette première phase dynamique du PAG est aujourd'hui assez bien connue : l'« impériosité pluviométrique » a rendu les années 1314-1316 particulièrement famineuses : les hivers-printemps et étés sont alors perturbés, dès 1314, par le rail dépressionnaire en provenance de l'Atlantique, et circulant d'ouest en est, lequel s'est déplacé « en bloc » et en tant que tel vers le sud. Le foin ne sèche pas en 1314-15, les charrues s'embourbent, les semailles sont ratées : on pense pour le coup à Baudelaire, au « ciel bas et lourd » à un certain « Spleen » lui-même écrit, selon le Professeur Kopp, soit lors des années 1850-1851, soit entre avril 1856 – grandes inondations en France –

---

période antérieure et toujours d'après le glacier d'Aletsch, un *petit optimum romain* (POR). Il fut caractérisé par un recul très important du glacier en question, stabilisé ensuite pour plusieurs siècles sur des positions très en retrait, de ce fait, quant à son front glaciaire : entre 300 av. J.-C. et 150, voire 250, apr. J.-C. La réalité de cet épisode prolongé se révèle certaine ; n'en tirons pas de conclusions hâtives, mais il est probable que ce phénomène de relative douceur climatique, pendant un demi-millénaire, s'est traduit par des conséquences positives pour l'agriculture celtique puis gallo-romaine, de la Padanie et de la Gaule.

et février 1857. Un tel « pot au noir » du Second Empire à ses débuts est-il comparable à celui des années 1314-1315, caractérisées par une mauvaise récolte en 1315, et suivies, en l'hiver ultérieur puis au printemps 1316, par une famine et une forte mortalité ?

L'hyper-PAG bas-médiéval se prolonge jusque vers 1350, voire 1380 ; certes, la peste noire de 1348 n'est en principe pas déclenchée par le climat, mais par une épidémie (qui vient des grands réservoirs de rats et de puces pesteuses d'Asie centrale) répandue sur la route mongole de la soie jusqu'en Russie du Sud et aux grands ports méditerranéens (Constantinople, Gênes, Venise, Marseille, Barcelone). Mais cette peste ci-devant bubonique étant devenue pulmonaire en Europe, faut-il penser que ce déplacement du bacille de Yersin vers le poumon est en relation avec les étés pourris des années 1340, bien étudiés par C. Pfister ? Le climat, ici comme ailleurs, a pu être un élément provocateur (?). Ces étés trop frais/froids/-humides des années 1340 contribuent par ailleurs à expliquer la poussée finale des glaciers alpins – et spécialement celle du glacier d'Aletsch –, elle-même conclue vers 1370 : le déficit d'ablation des glaces (en été) stimulait, assurément, outre le suralimentation des glaciers pour les neiges d'hiver accrues, ces poussées glaciaires lors des trois premiers quarts du XIVe siècle.

7. Quel est le profil météorologique, ou climatique, du *Quattrocento* ?

Le XVe siècle est assez mal étudié par les historiens du climat, alors que l'on connaît bien *le XIVe siècle*, voire très bien *le XVIe siècle*, grâce au livre dirigé par Pfister et par le Tchèque Brázdil, cet autre grand clio-climaticien[1]. On note, malgré le maintien global d'un PAG peut-être prolongé, mais affaibli, un petit réchauffement lors de la première moitié du XVe siècle, à l'époque de Jeanne d'Arc. Une belle période estivale se singularise autour des années 1420-1430, au cours de cette époque, qui est mauvaise par ailleurs pour des raisons de guerre de Cent Ans : mais belle série d'étés, vendanges précoces – un coin de ciel bleu, qu'on aurait appelé jadis en France une « culotte de gendarme ». Ces beaux étés ont pu être excessivement chauds, comme celui de 1420 : l'échaudage-sécheresse de

1. Pfister, Brázdil, Glaser, *Climatic Variability in 16th Century Europe and its Social Dimension*, Kluwer (Pays-Bas), 1999.

cet an-là est à l'origine de mauvaises récoltes et de famine, laquelle est en outre très aggravée par la guerre. L'été 1420 était trop beau, trop chaud, trop sec : « la mariée était trop belle ». Le blé est un citoyen du Moyen-Orient, mis au point dans les régions méditerranéennes du nord-ouest de la Syrie ainsi qu'en Turquie limitrophe : il apprécie médiocrement, à maintes reprises, le climat franco-septentrional avec ses étés pourris, mais parfois aussi trop chauds/secs (même au gré d'un immigrant venu de Syrie). C'est ce qui advint en 1420. À Noël suivant, l'hiver étant venu, le blé manque à Paris : dès lors, on entend les lamentations des enfants pauvres, qui trouvent refuge sur les fumiers de la capitale, plus chauds : « n'était si dur cœur qui par nuit les ouït crier : "Hélas ! Je meurs de faim !" qui grande pitié n'en eût », écrit le Bourgeois de Paris[1]. L'été 1420 est-il comparable à l'été 2003 ? Tous les mois de février à août 1420 furent, dit-on, d'au moins deux degrés plus chauds que les moyennes fraîches ou tièdes des XIXe-XXe siècles. On signalera encore, variabilité oblige, des étés chauds et donc des vendanges précoces, notamment en 1473 (sans famine, en raison de pluies adéquates au bon moment), mais la fin de l'été 1473 et le début de l'automne furent des

1. *Journal d'un bourgeois de Paris*, éd. par C. Beaune, Paris, Livre de Poche (édition complète), 1990, p. 163.

périodes très sèches, comme l'atteste la dendrochronologie : les anneaux des arbres ultra-durs sur le tard correspondent à une terminaison de l'été 1473 fort dépourvue d'eau.

La seconde moitié du xve siècle se caractérise néanmoins, en règle générale, par un léger rafraîchissement, notamment sous Louis XI, en 1481, année de mauvaise récolte où sévit une grande famine générée par l'excès de froid et de pluie. Si les effets du climat sont alors moins graves qu'en 1420, c'est que les guerres de Cent Ans sont terminées, depuis 1452-1453. La France, dont la population est dynamique, se trouve alors en pleine reconstruction ; ce sont les « Cinquante Glorieuses » qui vont de 1460 à 1510, et au-delà. Certes, l'hiver 1480/1481 est très froid ; le printemps et l'été sont pourris ; mais Louis XI prend des mesures anti-famine. Tel ne fut pas le cas de Louis X le Hutin qui, en 1315, agissait très peu contre la disette : il se contentait d'envoyer du blé à ses troupes en Flandre et de libérer quelques serfs à prix d'argent (les serfs n'étaient pas toujours misérables !).

L'année 1740 peut être comparée à 1481 : les saisons fraîches-pourries, printemps-été, qui succéderont alors à un hiver glacial 1739-1740 représenteront, comme jadis en 1481, la plus mauvaise concaténation climatique « anti-blé ».

Il reste que, avec de Louis XI, la monarchie s'est enfin intéressée quelque peu au sort de ses sujets, momentanément sous-alimentés du fait d'une famine ; ce qui deviendra plus évident encore avec Louis XIV et Colbert, puis Louis XV – mais la royauté paiera cet intérêt assez cher : ce sera l'accusation, tout à fait fausse par ailleurs, du « complot de famine [1] », la monarchie étant faussement incriminée pour stockage spéculatif des grains en vue d'affamer le peuple.

1. Steve Kaplan, *Le Complot de famine*, Paris, Armand Colin, 1982 [important].

8. Pouvez-vous citer une phase pluriannuelle, parmi d'autres, spécialement fraîche, froide, nivale, au cours des 500 dernières années ?

L'hyper-PAG de la fin du XVIe siècle est de très loin le mieux connu[1], même si une première période fraîche a eu lieu entre 1300 et 1350, avec ultérieurement un effet marqué entre 1340 (vague d'étés frais) et la fin des années 1370 (surdimensionnement des glaciers alpins). Le second hyper-PAG (*alias* premier hyper-PAG de l'âge *moderne*) ou « PAG à forte intensité » se situe pour les glaciers à partir de 1570 ; il se signale, dès son préalable « météo », par des étés souvent frais de 1563 à 1597, mais la décennie 1620, très fraîche également quant aux semestres d'été, lui fournit une rallonge significative ; les étés frais de cette

1. Nous suivons ici de très près l'article de Christian Pfister, « Weeping in the snow », paru dans Wolfgang Behringer, Hartmut Lehmann, Christian Pfister, *Kulturelle Konsequenzen der « Kleinen Eiszeit », Cultural Consequences of the « Little Ice Age »*, Van den Hoeck et Ruprecht, Göttingen, 2005.

longue décennie, jusqu'en 1634, devant nourrir par avance les glaciers d'Aletsch notamment, ainsi que de Gorner et de Chamonix jusqu'à la forte poussée chamoniarde, maximale en 1644.

Les effets agricoles (souvent négatifs) de cette phase fraîche (hivers froids et étés très brumeux) sont surtout sensibles sur les grains, accessoirement sur la vigne, et sur l'élevage pour la laiterie ; il y a souffrance des uns et des autres à cause de printemps froids (mars-avril), puis d'étés pourris qui nuisent aux moissons et qui abaissent, dans la période décisive de la saison, le contenu en sucre puis en alcool du vin, voire du sol en azote. Les dangereuses successions de printemps froids et d'étés pluvieux exercent des effets cumulatifs à l'encontre de la production agricole », selon C. Pfister : il insiste sur la forte hausse des prix des céréales (seigle), notamment entre 1570 et 1630, provoquée aussi par l'afflux d'argent venu du Potosi. Trop de précipitations en particulier pendant l'hiver réduit la présence du calcium, des phosphates et des éléments azotés dans le sol : cette conséquence cumulative est particulièrement traumatisante en Angleterre, plus fraîche encore que l'Hexagone (« famine » britannique de 1622). Naturellement, la chronologie des désastres météo(s) n'est pas la même partout : la Suisse est touchée en 1570-1571, la France connaît une mauvaise récolte céréalière en 1573, consécutive au froid hivernal et à l'humidité de la fin du précédent millésime (1572).

Les chercheurs helvétiques et allemands insisteront avec force sur la baisse de production du vin, spécialement entre 1585 et 1600, due aux fâcheux aléas climatiques ci-dessus décrits et entraînant le passage préférentiel aux consommations de bière, devenue plus abordable que le « jus de la treille » (E. Landsteiner), momentanément raréfié, donc renchéri. Une combinaison « gelées de printemps/étés pourris » apparaît, ultra-nuisible surtout pour la vigne qui, à sa manière, est en principe une plante originaire des pays chauds, en tout cas méditerranéens.

Voyez en effet la production du vin ; elle confirme, lors de sa crise (quantitativement déficitaire) fin XVIe siècle, la chronologie de l'hyper-PAG ; les périodes 1530-1584 et 1630-1670 connaissent, en Suisse, un plus haut niveau des productions de ce breuvage ; en revanche ce niveau est bas entre 1584 et 1630, en particulier dans le Würtemberg, la Basse-Autriche, la Hongrie de l'Ouest, mais aussi le nord de la France. Dans ce cadre chronologique (fin du XVIe siècle), la *Suisse* subit une année très froide en 1587, due à une incursion d'air arctique : année caractérisée par la présence de neige en basse altitude jusqu'en juin-juillet. Il en va de même pour 1588 : en l'occurrence, les 77 jours de pluie à Lucerne en juin, juillet et août seraient liés à une éruption volcanique aux antipodes en 1586. L'année critique en France, en tout cas, c'est 1586-1587 : un automne 1586 humide, puis un hiver très froid et humide, un printemps froid (jusqu'au

11 mai 1587), accompagné puis suivi d'inondations en mars, mai et juin ont pour conséquences une mauvaise récolte 1587 ; puis la famine, à Paris notamment (cette « chrono-météo » correspondant ainsi à la seconde moitié 1586/première moitié 1587).

Au cours des grands hivers de 1599-1600 et de 1600-1601, la République de Berne doit interdire la chasse des lièvres de neige et des oiseaux. Christian Pfister a par ailleurs diagnostiqué un régime de basses pressions *sea level pressure* pendant les étés de 1585 à 1597, inférieures à celles de la période de référence (1901-1998), elle-même incidemment plus tiède. Malgré l'été chaud de 1590, les étés de 1585 à 1597 sont plus frais de 0,6 °C, et marqués par davantage d'inondations que ceux du XXe siècle. Plus généralement, les températures moyennes de la période 1560-1600, calculées par Pfister, Luterbacher et Brázdil, seraient inférieures de 0,5 °C aux moyennes annuelles de la période de référence 1901-1960 : l'hiver et le printemps connaîtraient ainsi une température inférieure de 0,5 °C par rapport à ces moyennes. Le dernier quart estival du siècle (1577-1597) se situerait à 0,4 °C en dessous de la susdite période de référence. Ce n'est pas tant la fraîcheur *grosso modo* de ces étés qui importe que les « chocs », c'est-à-dire les années spécialement froides, et l'excès spasmodique des précipitations [1].

1. Voir les travaux de Renward Cysat sur les précipitations (pluie, neige en excès sur les Alpes) lors de la décennie 1590.

Le glacier d'en bas de Grindelwald (Suisse).

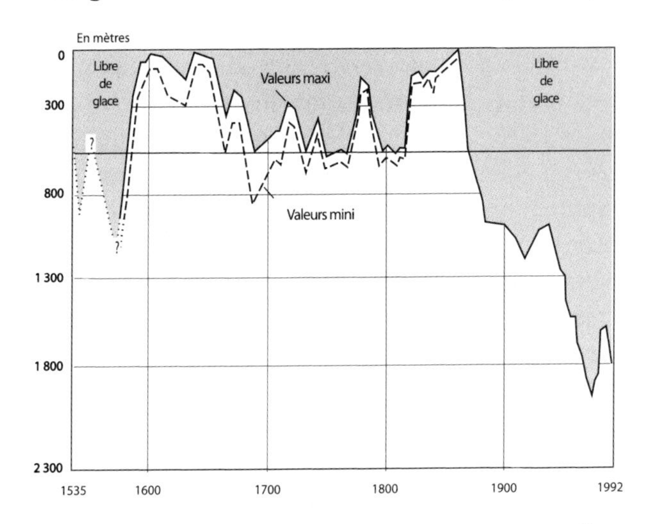

Ce graphique « grindelwaldien » donne une image paradigmatique de l'histoire des grands glaciers alpins (ceux de Suisse, Grindenwald, Aletsch, Rhône, et ceux de Chamonix) du XVIe au XXe siècle. D'où notre commentaire, à ce propos :

Après un recul glaciaire modéré, vers 1540-1560, survient une première poussée glaciaire de 1595 à 1640-1650 (premier hyper-PAG de l'âge moderne, *alias* « PAG de forte intensité »). Puis situation de petit âge glaciaire sans plus, depuis le milieu approximatif du XVIIe siècle jusque 1814 (PAG de routine, *alias* « PAG de moyenne intensité »). Nouvelle poussée des grands glaciers alpins, et nouvelles atteintes de leurs positions maximales, de 1815 à 1859-1860 (deuxième hyper-PAG de l'époque moderne et contemporaine = nouvel hyper-PAG – *alias* nouveau PAG de forte intensité). Recul glaciaire à partir de 1860, et puissante régression (de ce fait), de 1860 à 1880, puis de 1930 à nos jours, à la droite du graphique (*minima* glaciaires vers le bas du graphique ; *maxima*, vers le haut).

Source : Holzhauser, Zumbühl *et al.*, *Holocène* 15, 6 (2005) p. 1695.

Il est intéressant de noter que la chasse aux sorcières subit le contrecoup de l'hyper-PAG des années 1570-1630 : la gelée de printemps du 24 mai 1626 en Allemagne du Sud, avec (à Stuttgart) des grêlons de la taille d'une noix, et un vent glacial, a presque annihilé la récolte 1626 des futurs raisins et provoqué la chasse aux sorcières la plus odieuse et considérable qu'ait connue la région. Mais abstenons-nous de causalités simplistes !

La fin du XVIe siècle s'est caractérisée de la sorte par une nouvelle poussée glaciaire, très sensible à partir de 1570 pour les glaciers de Chamonix et d'Aletsch. Le glacier d'Aletsch avance de 28 mètres par an entre 1581 et 1600 ; il gagnera donc 560 mètres, et puis encore 13 mètres par an entre 1600 et 1678. Les années froides et pluvieuses 1627-1628 fournissent également une contribution importante aux offensives de ces glaciers pour les trois décennies suivantes, par réduction de l'ablation anti-glaciaire.

Parmi les causes de cet hyper-PAG, faut-il maintenir les activités volcaniques, avec leurs expectorations d'aérosols, y compris depuis une lointaine distance (extra-continentale) par rapport à nos Alpes ? La décennie 1590 serait, à ce point de vue, significative, et plus excitée volcaniquement qu'en d'autres « décades ».

9. Quel fut l'impact humain de l'hyper-PAG des années 1570-1630 ?

Il convient, d'abord, de ne pas considérer cette époque six fois décennale comme un bloc. La France, en effet, connaît alors une belle période d'essor économique et de prospérité pacifique, voire de bénédictions climatiques (D. Rousseau), de 1602 à 1616, même si « notre » population reste plus ou moins bloquée à 20 millions d'habitants. La notion de *fenêtre d'opportunité*, favorable ou défavorable, est ici essentielle : le fond de décor (période froide et humide) est toujours le même, mais l'impact est différent selon les circonstances (rôle des guerres, également).

Un exemple éloquent, quoique postérieur (et catastrophique), nous vient de la décennie 1690, froide, humide, généreuse en famines... et guerrière : la France sera ainsi affamée en 1693-1694 ; la Finlande, la Scandinavie et l'Écosse en 1697.

Plusieurs famines, disions-nous, ont jalonné la

période que vous évoquez (fin XVIe-premier tiers du XVIIe siècle). En voici un échantillon :

– 1562-1563 : la succession automne, hiver et printemps ultra-pluviométriques est à l'origine de la famine de 1563.

– 1565-1566 : la famine de 1566 est liée à un hiver glacial (1564-1565) qui a gelé les semailles. Ce grand hiver (comparable à celui de 1709) est annonciateur d'une famille « grande hivernale », que Van Engelen mesure selon des indices de froidure pour les mois de décembre-janvier-février : 1569 (indice 7, *severe*), 1570 et 1571 (6, *cold*), 1573 (8, *very severe*) : l'année 1573-1574 connaîtra une autre famine.

– 1586-1587 : l'hiver de 1587 est de niveau 7 (*severe*). Il constitue l'un des modèles saisonniers de la période PAG ou super-PAG : hiver froid et pluvieux, printemps et été pourris (comme en 1740).

– Les années 1590, typiquement froides (vendanges tardives, série de mauvaises moissons qui culminent en 1596-1597, comme l'indique aussi le très synchrone *Songe d'une nuit d'été* de Shakespeare [1]), se traduisent en France effectivement par

1. « Le laboureur a sué tant et plus, mais sans le moindre succès. Le blé encore en herbe verte a pourri avant même que l'épi barbu ne se forme. Dans les terres noyées, le parc clôturé est resté vide, déserté par les bestiaux qu'ont frappés l'épizootie du murrain (...). Les saisons sont altérées. Les gelées couvertes de polis blancs piquent du nez dans le frais giron des roses cramoisies. »

les rudes années 1596-1597, faisant suite à un été 1596 pluvieux qui lui-même est à l'origine d'un déficit de céréales et d'une augmentation des prix du blé. Il s'agit là d'un « épisode climatique pur », sans impact des désastres spécifiques dus à la guerre, puisque aussi bien l'on est... en période de paix ! La mortalité augmente, mais (et le phénomène est plus difficile à expliquer) on assiste à une crise française, momentanée, de forte dénatalité, peut-être due à des aménorrhées de famine.

– 1622 : épisode remarquable, parce que rare, d'une famine anglaise. Nous sommes là dans une « série très PAG » de 1621 à 1622 : hiver 1620-1621 *very severe* (indice 8) ; été 1621 *very cool* (indice 2), hiver 1621-1622 *cold* (indice 6), été 1622 *cool* (indice 4) [1], avec mauvaises récoltes britanniques, du coup ; et très forte augmentation des prix du pain d'Angleterre, voire continentaux en 1622.

– 1630-1631 : en conséquence d'un déraillement du train des dépressions atlantiques, vers une ligne ouest-est (toujours elle) mais située momentanément plus au sud, apparaît ainsi une phase super-aqueuse (octobre 1629-avril 1630) ; d'où la mauvaise moisson de 1630, notamment en Anjou ; elle provoque une grosse famine dans toute la France de

1. Les indices Van Engelen croissent numériquement *avec le froid* pour l'hiver, et *avec le chaud* pour l'été.

l'Ouest (Anjou, Bretagne, Agen), mais aussi quelque peu en Lorraine, et cela jusqu'au printemps, disetteux donc, de 1631 inclusivement.

À ce propos, notre réflexion va toujours dans le même sens : ce n'est pas tant la fraîcheur « en soi » des étés qui importe ; ce sont les « chocs », c'est-à-dire les années spécialement froides, ou du moins « super-frisquettes » et l'excès corrélatif et spasmodique des précipitations.

10. Le XVIIe siècle est-il continûment froid ?

D'éminents spécialistes comme Phil Jones (UK) ou Michael Mann (USA) considèrent le XVIIe siècle d'Henri IV, de Louis XIII et Louis XIV comme *globalement* plus froid (de 0,5 à 1°) que le XXe. Compte tenu aussi du Minimum de Maunder (1645-1715) qui serait une circonstance aggravante. Rappelons qu'on doit distinguer incidemment, en tout cela, trois phases de forte intensité[1] du PAG : 1303-1370 (pour mémoire) ; puis 1570-1630, enfin 1814-1860. S'agissant du XVIIe siècle, précisément, la tendance froide persistera, mais en s'atténuant quelque peu lors de la période 1630-1690 (en contraste avec la glaciale décennie 1690). Cette période 1630-1690 est caractérisée par des paquets de printemps-étés froids ; et inversement des étés souvent chauds lors des années 1630, 1660 et 1680. Les années (d'hyper-PAG, elles) qui précèdent 1630 présentent en

1. Phases de forte intensité du PAG, *alias* « hyper-PAG(s) ».

revanche des intervalles de froid relativement intense : dans l'Atlantique, les masses de glace s'avancent aux alentours de la côte islandaise ; et les glaciers alpins s'accroissent simultanément : la Mer de Glace, disions-nous, descend encore aux années 1620 jusqu'en bas de la vallée de Chamonix.

Et pourtant, nuances : lors de la période fraîche 1570-1630, on observe quand même que la phase 1598-1616 n'est pas précisément calamiteuse pour l'agriculture ; les facteurs politiques, indépendants du climat, ne sauraient être négligés : en effet, la France connaît après 1598 une certaine prospérité due au retour de la paix (de Vervins) après les guerres de Religion, lors du règne devenu dorénavant pacifique d'Henri IV et jusqu'à la régence de Marie de Médicis. On connaît, du reste, de très beaux étés entre 1602 et 1616, dont celui de 1616. Est-ce d'une façon générale la vraie période de la « poule au pot », même si le poulet du dimanche ne concerne en fait qu'une minorité de riches laboureurs ?

La décennie 1620 se révèle fraîche de nouveau et culmine avec la famine anglaise de 1622-1623, et puis l'année 1628 sans été en France ; enfin la famine du Sud-Ouest français en 1630 et, au printemps 1631, famine due à une récolte désastreuse par suite de pluies continuelles d'octobre 1629 à avril 1630.

Cependant il convient de souligner le concept de *variabilité* : la rude phase du PAG s'atténue à partir de 1630-1631. Les années 1630, en contraste avec les années 1620, se caractérisent par un groupe de cinq étés tièdes, chauds ou fort chauds (1635-1639). Le niveau des rivières est des plus bas, les eaux sont infectées ; et en dépit de bonnes récoltes, effectivement et juridicieusement ensoleillées, on assiste à de fortes épidémies de dysenterie du fait de la salissure des plans d'eau trop amincis par le sec. Et puis déshydratation des bébés par excès des chaleurs estivales. D'où toxicoses et diarrhées pour ces petits êtres.

Les années 1640, en revanche, sont plus fraîches en printemps-été, spécialement de 1640 à 1643 ; puis en 1648, 1649 et 1650 : celles-ci, très pluvieuses, étant par ailleurs les années de la première Fronde. Les peuples sont particulièrement atteints dans la moitié nord de la France, par le mauvais temps, par le grand hiver de 1648-1649, par les conséquences de l'été pluvieux et frais de 1649... et par la guerre civile. L'historien américain Roger Bigelow Merriman[1] recense six révolutions contemporaines en Europe occidentale pour les années 1640-1650, en Catalogne, Portugal, à Naples, en France, en Angleterre, sinon aux Pays-Bas. Certes, ces six révolutions,

1. *Six contemporaneous Revolutions* par R.B. Merriman (Oxford, 1938).

politiques, n'ont absolument pas de dénominateur commun météorologique. Mais le prix élevé du froment et donc du pain, de 1648 à 1650-1651, aiguise le mécontentement populaire en France et en Grande-Bretagne, ainsi qu'en Allemagne, spécialement dans la Hesse, région frappée de pluies abondantes au printemps et en été, saisons au cours desquelles seront donc diminuées les récoltes céréalières, lors du triennat 1648/49/50.

Survient, phase minimale ou nulle des taches solaires, le Minimum de Maunder (1645-1715). Les météorologues, comme Luterbacher, ont insisté récemment sur la notion de *Late Maunder Minimum*, de 1675 à 1715, plus convaincante pour la recherche. Ce *Late Minimum*, tardif en effet, ne concerne pas la série d'étés chauds des années 1660. S'il y a bien une famine française en 1661, année de l'avènement de Louis XIV, elle est due essentiellement à l'excès des pluies, car l'année 1661 par ailleurs, en tant que telle, n'est guère fraîche en printemps-été.

Pour le « reste », post-1661, de ces années 1660, on note de grosses récoltes ensoleillées ; elles feront gémir Mme de Sévigné : « Je crie famine sur un tas de grain », car le prix du blé ayant baissé par tant d'abondance, les trésoreries des fermiers de la Dame (vendeurs) sont victimes de ces cours céréaliers trop dérisoires. Lors du grand incendie de Londres, en l'été brûlant de 1666, Samuel Pepys pourra affirmer : « Tout était combustible (parce que desséché), même les pierres ». L'été 1675, en revanche, est notablement froid et pourri, alors que les années 1676 à 1686, en leur ensemble, sont maintes fois réchauffées en semestre d'été (voir M. Lachiver[1] et la série des températures annuelles anglaises de Gordon Manley ainsi que Mike Hulme[2] et D. Rousseau). Il y a même du fait de ces chaleurs un léger rétrécissement des glaciers alpins : le fameux « rognon » rocheux de Grindelwald est momentanément découvert peu après 1685. Les années 1684 (paix de Ratisbonne) et 1685 (révocation de l'édit de Nantes), millésimes de belles récoltes et de bas prix du grain, voient Louis XIV, avec ses grosses armées (facilement nourries de pain abondant et pas cher), en position de force au cœur de l'Europe.

1. Marcel Lachiver, *Les Années de misère : la famine au temps du Grand Roi*, Paris, Fayard, 1991.
2. Mike Hulme, *Climates of the British Isles*, N. Y. Routledge, p. 404 *sq*.

11. Qu'est-ce que le Minimum de Maunder ?

Le Minimum de Maunder se définit, pour l'essentiel, à partir d'observations post-galiléennes, notamment sous Louis XIV à l'Observatoire de Paris, création scientifique typique du Grand Siècle colbertien. Un astronome allemand, R. Wolf, lors des années 1856-1868, procédera au comptage des taches solaires année par année, grâce aux Archives d'Ancien Régime de l'Observatoire de Paris et de notre Académie des sciences, ainsi que des sources étrangères. Sur cette base, l'astronome Spörer, allemand lui aussi, en un texte paru dans la revue d'astronomie de Leipzig (1887), a mis en évidence une quasi-disparition des taches solaires entre 1645 et 1715. Ces observations et comptages, enrichis de quelques données supplémentaires, ont été repris par un astronome anglais, E.W. Maunder, en trois articles parus dans la revue *Knowledge* en 1890, 1894 et 1922. Le Minimum dit injustement « de

Maunder », ou « soleil en grève de ses taches », est l'un des plus importants ; deux autres minima, l'un dit de Spörer, autour de 1550-60, l'autre, dit de Dalton, vers 1820, ont été identifiés. À quoi est venu s'ajouter celui de Wolf vers 1300-1320.

On sait que les étoiles de type solaire ont de temps à autre, elles aussi, des minima. J.A. Eddy, dans le journal *Science* en 1976 (« le Roi Soleil sans tache »), a mis ce Minimum de Maunder en rapport avec le PAG, assez prononcé au XVIIe siècle. Ce moment (1645-1715), considéré depuis lors comme important pour la planète, se caractériserait selon M. Eddy par un possible et faible déficit de l'irradiance solaire, donnant lieu à un « maximum » du PAG. À l'échelon de l'hémisphère Nord, les études de Jones et Mann montrent en effet pour le XVIIe siècle en général une différence de quelques dixièmes de degrés en moins par rapport à la période de référence. On observe certes, toujours pour le XVIIe siècle, une autre époque de fraîcheur, entre 1570 et 1630 : indépendante du Maunder, elle correspond disions-nous à une phase de forte intensité du PAG (*alias* hyper-PAG).

Des études précises, notamment celles de K. Briffa et de M. Lachiver, ont montré que cette période « maundérienne » (1645-1715) peut cependant comporter, dans l'hémisphère Nord, sinon des épisodes chauds, en tout cas nettement moins « rafraîchis » que prévu. Quoi qu'il en soit, dans l'espace franco-suisse, cette phase Maunder est intérieurement contrastée. Luterbacher, en particulier dans un colloque intitulé « Du Minimum de Maunder à l'effet de serre » qui s'est tenu en Angleterre à la fin du XXe siècle, avait insisté sur le rafraîchissement de la fin du XVIIe siècle, notamment lors d'hivers froids et d'étés pourris générateurs de famines, comme celles de 1692-1693 en France, et de 1697 (en Scandinavie, Écosse, Finlande), qui provoqua dans ce dernier pays une baisse de 20 % de la population. Actuellement, les positions sont plus nuancées encore : le rafraîchissement dans l'hémisphère Nord, notamment à l'échelle européenne, est plausible au XVIIe siècle ; il serait dû soit à une légère baisse de l'irradiance solaire, soit à des oscillations de type volcanique, ou atmosphérique, ou « NAO [1] »... qui parfois nous échappent. Mais même à cette échelle, on observe des moments « dix-septiémistes » de *moindre fraîcheur*. En revanche, les phases (avérées) de *plus forte fraîcheur*, dans le cadre européen, sont notamment perceptibles au niveau des étés ; on observe quatre d'entre elles : la succession des trois étés *frais* de 1648/1649/1650, qui furent néfastes aux céréales, situation qui a pu accentuer le mécontentement (prix du pain élevé) pendant la Fronde ; les étés de 1673 à 1675 (Mme de Sévigné écrit en

1. NAO : *North Atlantic Oscillation*.

1675 à ce propos : « Le procédé du soleil et des saisons est tout changé ») ; les étés de 1687 à 1700, période (déjà rencontrée) de treize années globalement fraîches ou très fraîches en Angleterre de 1688 à 1700 (M. Hulme) et de famines bien connues, imputables à l'insuffisante maturation des céréales ; enfin, les étés de 1709 à 1717 ou du moins jusqu'en 1715, que l'on sait souvent rafraîchis d'après les séries thermométriques de D. Rousseau, les indices de Van Engelen et les dates de vendanges.

Au total, il s'agit d'oscillations plutôt que d'une période 1645-1715 perpétuellement froide. En outre, ces divers schémas ont été récemment modifiés par les travaux de Luterbacher en personne ! Le MM [1] est admis avec raison par des climatologues mondialistes, comme Ph. Jones ou Michael Mann ; mais on note alors des variations à l'échelle européenne, telles que les montre Luterbacher en un article paru dans *Science* (5 mars 2004), à partir d'études sur différentes régions du climat européen depuis la Russie jusqu'à Gibraltar. Si les hivers du XVIIe siècle sont souvent froids, on observe cependant, en plein MM et post MM, entre 1685 et 1738, un vecteur de graduel réchauffement des moyennes hivernales, réchauffement sans équivalent au cours des 500 dernières années, et ce malgré l'aléa de certains grands hivers, comme celui de 1709. Ce réchauffement n'est pas

1. MM : Minimum de Maunder, *alias* Maunder Minimum.

entièrement comparable à notre situation française contemporaine depuis 1988, hivernalement maintes fois réchauffée malgré quelques incidents de parcours[1]. Quant aux étés, en dépit de fluctuations, la tendance à leur réchauffement, certes temporaire, sera nette de 1731 à 1757. Cela dit, on observait déjà, en France, en plein « MM », quelques belles séquences d'étés chauds, notamment ceux de la décennie Colbert (les années 1660), mais aussi la période 1676-1686, avec des étés plus que tièdes et de bonnes récoltes au moins entre 1681 et 1686, comme l'a montré M. Lachiver[2]. La période 1704-1707 se présente elle aussi comme une séquence d'étés chauds, assez dangereux par leurs conséquences dysentériques : ils provoquent en France 200 000 morts supplémentaires (toujours les déshydratations, toxicoses et diarrhées des enfants et autres personnes). La notion de variabilité demeure ici essentielle.

1. Graphiques nationaux annuels aimablement communiqués par M. Daniel Rousseau de Météo-France (Toulouse).

2. *Les Années de misère : la famine au temps du Grand Roi*, *op. cit.*, p. 248-254.

12. Pourquoi l'hiver de 1709 est-il resté mémorable ?

On s'arrêtera, comme typique, à l'hiver de 1708-1709 : c'est, après 1684 et *tutti quanti*, l'un des premiers hivers ultra-froids extrémistes bien connu d'après les mesures thermométriques de l'époque[1]. Selon Jurg Luterbacher[2] : en janvier 1709, on a enregistré le plus grand froid éprouvé depuis 500 ans, avec une température inférieure de 3° aux moyennes normales en Europe et dans la Russie de l'Ouest ! Un tel hiver ne peut revenir que très rarement compte tenu des conditions propres aux années 1700-1900. Considérant le réchauffement actuel, janvier 1709 ne pourrait avoir lieu qu'une fois tous les 100 000 ans ! Paradoxalement, cet hiver a pris place en un moment d'assez net réchauffement progressif dans les moyennes hivernales

1. Christian Pfister, *Wetternachhersage, 500 Jahr Klimatvariationen und Natur Katastrofen*, Verlag Paul Haupt, 1999.
2. J. Luterbacher *et al.*, revue *Science*, vol. 303, 5 mars 2004.

(1685-1738) : effet de la variabilité multidécennale, intraséculaire ou séculaire, à moyen terme (XVIIIe siècle) par contraste avec le très long terme multiséculaire qui, lui, reste *grosso modo* de type PAG, et souvent frais.

On a pu [1] mesurer l'avance de la ligne 0°, en particulier entre le 5 et le 7 janvier 1709. La vague d'air arctique des –20° s'avance avec une vitesse de 40 km/h vers le sud (M. Lachiver). À minuit, le 7 janvier, elle atteint les Pyrénées, produisant un choc mortel sur les oliviers et citronniers perpignanais. La carte de Lachiver, s'agissant de 1709, décrit visuellement cette invasion d'air arctique depuis l'Islande jusqu'à la Méditerranée, vague glaciale qui se situe à l'est de l'anticyclone des Açores lui-même refoulé très à l'ouest de l'Espagne et au sud-ouest du Maroc. Cet hiver 1709, fort étale dans la durée, ne compte pas moins de sept vagues de grand froid, ou simplement de grosse fraîcheur, numérotées ci-après. Soit ce « septuor » : octobre (1), novembre (2), décembre 1708 (3), janvier (4) ; du 4 au 10 février (5), du 22 à la fin février (6), du 10 au 15 mars (7). C'est la vague 4, la plus dure, qui crée une pointe de mortalité. Par ailleurs, elle tue les céréales, qui n'ont pas la couverture de neige protectrice : l'on survivra grâce à l'orge semée au printemps suivant, à la manière de l'agronome latin

1. D'après Christian Pfister, *op. cit.*

Columelle. Suivant C. Pfister, un anticyclone de type sibérien, avec flux d'air polaire, serait venu de l'est ou du nord-est, dont les conséquences ont été ressenties jusqu'à Naples et Cadix : l'Èbre est prise par les glaces, en Espagne. Stockholm connaît encore une gelée en avril, même si, par un effet de bascule, le Groenland est épargné. À Paris, on enregistre 19 jours à –10° ; les oliveraies méridionales sont anéanties, et seront ultérieurement remplacées par des vignes. Même si la catastrophe n'est pas équivalente à la famine de 1693, on note de ce fait une hausse de la mortalité ; le prix du froment augmente, passant de 9 livres le setier en juin 1708 à 25 livres en mars 1709, et à 45 en mai-juin 1709, soit un quintuplement pour le moins ! Tous les fleuves et les lacs sont pris, de Riga et Stockholm, à Naples et Cadix. L'Angleterre, plus océanique, est atteinte dans une moindre mesure ; mais Londres connaît une période de gel variable, depuis Noël jusques à fin mars. Tous les pays du Nord, ainsi que la France, l'Italie, l'Espagne, sont concernés ; les mers sont plus ou moins partiellement gelées sur les bords, la Baltique est couverte de glace encore le 8 avril 1709, ainsi que les rivières – la Meuse est prise à Namur. Les lacs de Constance et de Zürich peuvent être traversés en voiture. De nombreuses espèces d'insectes et d'oiseaux sont anéanties ; les arbres sont gelés jusqu'à l'aubier, comme en témoignent les *tree-rings*. Le sud de la France est peut-être plus froid encore que Paris ; la Provence perd ses orangers. On mange l'asphodèle, l'arum, le chiendent. Le pain d'avoine arrive jusqu'à la table de Madame de Maintenon... Le dégel, spectaculaire, entraîne de grosses inondations de débâcle en Loire, et fait éclater les arbres. Le bilan, certes moindre qu'en 1693-1694 (1 300 000 décès en plus !), s'élèvera pour la France à 600 000 morts supplémentaires (froid de 1709, famine, sous-alimentation jusqu'au printemps 1710 et donc épidémies collatérales).

13. Qu'est-ce qu'un « grand hiver » ?

La notion de « grand hiver » dépend de la durée du froid – au moins deux à trois semaines sur un mois donné – et du gel survenu des rivières et des lacs. Les températures de l'hiver de 1709 sont connues grâce à la série de Louis Marin, observateur de thermomètre sous Louis XIV[1] : à Paris, du 10 au 21 janvier, le thermomètre marque des minima de –10 à –18°, avec des ultra-minima les 13, 14, 18, 19 et 21 janvier, ce mois ayant gelé nombre de semis en terre.

Christian Pfister inventorie d'autres « hivers sibériens », sachant que l'on appelle « hiver » les trois mois de décembre, janvier et février :

– 1962-1963 : indice 8 (*very severe*) sur l'échelle Van Engelen[2], avec un écart négatif aux moyennes

1. Voir Marcel Lachiver, *Les Années de misère : la famine au temps du Grand Roi*, *op. cit.*

2. Classification de Van Engelen pour les hivers : 1 : *extremely mild* ; 2 : *very mild* ; 3 : *mild* ; 4 : *fairly mild* ; 5 : *normal* ; 6 : *cold* ; 7 : *severe* ; 8 : *very severe* ; 9 : *extremely severe*. Van Engelen, Buisman

de 5 à 6° en Suisse ; température moyenne de –1,8° sur décembre-janvier-février ;

– février 1956 : le mois le plus glacial en France depuis décembre 1879, très rude lui aussi ;

– hiver 1879-1880 : indice 7 (*severe*), avec un écart négatif aux moyennes très fort, effectivement, lors du mois de décembre 1879 ;

– 1830 : indice 9 (*extremely severe*) ;

– 1740 : indice 8 (*very severe*) ; suivi d'un printemps-été pourri et d'une grosse crise de subsistance (100 000 morts supplémentaires en 1740-1741) ;

– 1709 : indice 8 ; en janvier il faudrait dire 9 !

– 1684 : indice 9, moyenne à –1,2° pour les mois de décembre-janvier-février en Angleterre centrale ;

– 1572-1573 : indice 8, avec un écart aux moyennes de 5° ou davantage ; suivi, comme en 1565 et 1740, par un été très frais, anti-céréales ;

– 1565 : indice 9 ; suivi d'un été pourri (alias *cool* selon Van Engelen), c'est le point de départ d'une très forte disette ;

– 1481 : indice 8, comme en 1740 ; suivi d'un printemps-été pourri ; le tout engendrant, sous Louis XI, une famine importante ;

– 1407-1408 : active dès novembre, la vague glaciale ne rétrocède que le 5 février 1408. C'est l'un des grands hivers d'indice 9 selon Van Engelen ;

---

et Unsen, « A millennium of weather, wind and water in the low countries », dans P.D. Jones *History and Climate, Memories of the Future ?...*, Kluwer Academie, 2001, p. 110-121.

– 1364 : gel du Rhin du 13 janvier au 25 mars ; deux mois et demi de gel à Bologne ; mais le blé n'a pas souffert, sans doute en raison d'une épaisse couverture neigeuse et protectrice, comme plus tard en 1684 ; indice 9.

Sur les huit « grands hivers » à l'indice 9 inventoriés par Van Engelen (tous ne sont pas mentionnés dans la liste ci-dessus), sept ont lieu pendant le PAG, entre 1303 et 1859. Le huitième daterait de 1077.

14. Quelles sont les grandes inondations des derniers siècles, en France et notamment à Paris ?

On évoquera ici les inondations dites « centennales » de la Seine ; elles ont lieu en principe une fois par siècle – mais leur fréquence, le cas échéant, pourrait être un peu plus élevée.

– 1658 : l'inondation (de débâcle) de la Seine a dépassé de 30 cm la cote de 1910.

– 1740 : inondations gravissimes ; bien connues par les travaux d'Arago et de Madame Backouche, elles se produisent en décembre, après une année très fraîche. Elles concernent les bassins de Loire, Seine (inondation centennale), Doubs, Charente...

– 1802 : inondation centennale à partir de décembre 1801. Les eaux de la Seine, mais aussi de l'Allier, du Rhin, de la Moselle, de l'Adour, de la Charente, sortent de leur lit ; en janvier 1802, la situation empire : inondation de la Seine encore, mais aussi de la Bièvre, de l'Yonne, de la Marne, du Rhône, de la Saône, de la Bruche, de l'Orne...

– 1856 : inondation dans le Midi, surtout en Camargue, ce qui vaut à la région une visite, intelligemment menée, de Napoléon III, de son épouse et de son fils.

– 1910 : l'inondation, qui se produit en janvier, présage une année 1910 fraîche et pourrie avec de mauvaises récoltes de blé (et de vin, qualitativement médiocre, qui plus est) dans toute l'Europe. Le mois de décembre 1909 était déjà très pluvieux ; les dix premiers jours de janvier sont corrects mais, le 11, les précipitations reprennent. La Seine et la Marne montent, le sol se comporte comme s'il était saturé ; c'est le premier mouvement « ascensionnel » du fleuve. Deux « groupes » de pluviosité importante se succèdent du 11 au 20 janvier, suivis par un troisième ensemble de pluies, moins considérable, du 23 au 25 janvier 1910. Ces trois « moments » successifs ont déterminé la grande crue. Les résultats sur Paris sont impressionnants. La Seine dispose désormais de quais surélevés et présente de nombreux ponts sur son cours : la crue, qui aurait pu être ordinaire, se voit stimulée par de tels facteurs de barrage. Dès le 19 janvier, ce fleuve et la Marne sortent de leur lit. Du 18 au 21 janvier, 120 mm d'eau tombent à Château-Chinon, 103 mm aux sources de la Seine. Le métro étant alors en construction, le collecteur d'égoûts de la rive gauche se déverse dans son chantier. Des lacs se forment, notamment devant la gare Saint-Lazare ; les eaux s'infiltrent dans les gares d'Austerlitz et d'Orsay, l'électricité est coupée. Du 21 au 28 a lieu la « semaine terrible » : défaillance du métro, du chemin de fer – les véhicules hippomobiles font retour –, avaries des conduites de gaz, coupure du téléphone. Les députés se rendent au Palais-Bourbon, plongé dans l'obscurité, en canot. La crue atteint 8,62 m au pont d'Austerlitz le 28 janvier, c'est un maximum. La rive gauche est la plus touchée : la rivière l'a envahie sur une largeur de 100 m à 1 km, à partir du point d'intersection de l'avenue Montaigne avec le fleuve. Lors du 29 janvier s'amorce la décrue. Commence alors le combat contre la boue : 15 000 à 20 000 immeubles sont touchés. Le gaz n'est rétabli qu'en mars, l'électricité en mai. Une rumeur avait attribué aux Juifs la responsabilité de ce désastre !

À quand une prochaine inondation centennale ? La tendance, sous effet de serre, serait plutôt à la sécheresse, du moins dans le sud. Mais *quid* du Nord, voué paraît-il à l'humidité croissante dans l'avenir ? Voyez déjà les inondations anglaises de 2007. Citons aussi les alertes de janvier 1924, janvier 1955, janvier 1982, mars 2001, s'agissant de la Seine à Paris...

15. En quoi peut-on parler d'un « dégel » (aux divers sens du terme...) sous Louis XV ?

Il est vrai que le XVIIIe siècle, d'après J. Luterbacher, connaît un certain réchauffement, qui se traduit par un léger retrait des glaciers alpins – même s'ils restent déployés dans leurs dimensions assez vastes, typiques du PAG. Ce réchauffement a-t-il eu une influence positive sur l'agriculture en Europe et même en Chine, marquées alors par un puissant essor démographique ? C'est bien possible. Néanmoins le même phénomène peut aussi se révéler dangereux, puisqu'il engendre canicules et dysenteries, comme ce fut le cas lors des années 1704-1707, bien étudiées par Marcel Lachiver, mais surtout, sous la Régence, en 1718-1719 : deux canicules estivales se succèdent alors ; responsables en 1719 d'une mortalité supplémentaire de 450 000 personnes, essentiellement bébés et enfants. Une telle invasion de la mort équivaudrait aujourd'hui, les démographes font aisément le calcul, à 1 300 000 décès pour notre population française de 60 millions d'habitants, presque triple de celle de la Régence. Les causes de la dysenterie 1719 sont à chercher dans l'excès de chaleur qui induit une évaporation excessive, puis une infection des eaux, devenues trop basses. Le cas s'est reproduit lors de la canicule de 2003, notamment sur le lit du Pô, mais sans conséquences graves pour les enfants. En revanche, les *seniors*, oui.

La Régence de Philippe d'Orléans est un épisode bien connu de détente *politique*, après le règne très dur de Louis XIV. Mais aucun historien de la Régence, à commencer par Dom Leclercq, n'a mentionné en détail le tragique événement météo-mortalitaire de 1719, à l'exception des démographes et de Marcel Lachiver. Un accident du même genre s'est produit par ailleurs lors de l'automne chaud de 1747, ainsi qu'en 1779, au temps des étés et années brûlantes de 1778-81, occasionnant la mort de 200 000 personnes chaque fois, lors de ces deux épisodes, ainsi que l'ont bien montré F. Lebrun et J.-P. Goubert. Comme en 2003, le Val de Loire (golfe d'air chaud ?) a particulièrement souffert. Ce fâcheux phénomène « local » doit-il être imputé à la localisation des masses d'air, au détriment d'une telle région ligérienne, en période de canicule ? En 1779, comme en 2003...

En revanche, sous Louis XV post-1723, et dans un style différent, le millésime 1725 peut être qualifié d'année du « pot-au-noir » : après un été très barbouillé, sombre, nuageux et pluvieux, la disette menace (mauvaises récoltes), et de nombreuses émeutes de subsistance éclatent, en particulier dans Paris (et aussi, de même, seize ans plus tard, en des circonstances semblables, contre le cardinal Fleury, Premier ministre très âgé : « Le peuple mourait de faim, le Cardinal mourait de peur »). Mais en 1725 aucune guerre ne venait perturber le paysage commercial et maritime. En ce qui concerne la pseudo-famine de 1725, on peut même dire tout simplement que, en fin de compte, elle n'a pas eu lieu ! C'est du Giraudoux... C'est aussi le début, dans cette France de Louis XV, des syndromes du complot de famine, imputé au roi et à ses maîtresses : calomnie, certes, mais dont on ne pourra négliger l'influence, plus tard, sur les motivations et sur le déclenchement de la Révolution française (semblablement, l'énorme « bobard » du collier de la Reine).

Vient l'année 1740 en effet et son cortège de saisons froides ou humides, depuis l'hiver jusqu'à l'automne et aux inondations de décembre. Une partie de la récolte de blé est détruite, dans le nord et le sud de la France, mais aussi dans la majorité des pays d'Europe de l'Ouest, engendrant sous-alimentation et mortalité, y compris chez les Anglais, le tout en 1740 et lors du printemps 1741.

16. Les conditions « météo » ont-elles joué un rôle quant au déclenchement de la Révolution française ?

Ne parlons pas de causalité. Ce serait simpliste et même ridicule. Mais disons que climat et/ou météo sont souvent tangentiels à certains aspects de cette Révolution ainsi qu'à divers préparatifs de celle-ci.

Considérée à quelque distance, la Révolution française s'inscrit dans une conjoncture météorologique singulière. De 1747 à 1762 se succèdent un certain nombre de beaux[1] semestres d'été (avril à septembre). Cette série favorable, ensoleillée, productrice souvent d'abondantes moissons, incite le gouvernement français, par décision royale et ministérielle, à libérer le commerce du blé (1764) ; c'est, parmi d'autres épisodes, l'une des illustrations du libéralisme de Choiseul. Mais, de 1765 à 1771, un

1. Mike Hulme, *Climate of the British Isles...*, Londres, 1997, p. 405.

paquet d'étés frais, avec forte pluviosité éventuellement, se révèle nuisible aux céréales. S'ouvrent alors des « fenêtres d'opportunité » pour une crise majeure, en particulier lors de l'année 1770 ; cette crise se caractérise par de mauvaises récoltes aux deux côtés de la Manche, conséquences de l'automne froid de 1769 auquel vont succéder l'hiver trop doux, puis le printemps et l'été pourris de 1770. Le déficit du blé contraint les gouvernants, en France du moins, à renoncer aux libertés du commerce des grains, datées de 1764. Au libre-échangiste Choiseul succède le ministère autoritaire de Maupeou en 1770, même si ce changement politique est dû à d'innombrables causes, les problèmes subsistantiels n'étant pas forcément majoritaires en l'occurrence. À propos de cette notion de liberté ou bien, vice versa, contrôle des trafics du grain et du pain, l'expérience des deux guerres mondiales montrera qu'il est nécessaire en période pénurieuse de maintenir un contrôle des prix du pain ainsi que des tickets de rationnement. Cette résurrection des contrôles durant les deux guerres mondiales eut son équivalent autoritaire pendant la période de manque frumentaire et donc de contrôles accrus qui s'ouvrait avec l'année 1770.

La période qui débute en 1775 va se caractériser, elle, par des occurrences assez fréquentes de paquets d'étés chauds, notamment de 1778 à 1781 ;

il faut noter pourtant l'année non pas froide mais trop humide de 1774, dont la médiocre récolte de blé consécutive donne lieu à la « guerre des Farines » lors du printemps 1775 : cette très vaste émeute de subsistances dans un grand nombre de localités autour de Paris peut être présentée comme une espèce de répétition générale par rapport à ce que seront, en 1788 et au cours de la première moitié de 1789, les émeutes subsistantielles préparatoires à la Révolution française.

Les glaciers alpins reculent lors des années attiédies (1775-1781), mais les hivers très neigeux maintiennent malgré tout des volumes glaciaires assez considérables, dans le style du PAG. L'année 1774 (automne 73 humide, hiver 74, puis printemps et été trop humides quoique doux) engendre, disions-nous, de mauvaises moissons frumentaires : elles conduiront, lors du printemps 1775, aux susdites émeutes à cause desquelles un jeune garçon sera pendu, malgré ses protestations d'innocence. Turgot avait malencontreusement libéré le commerce du blé à l'automne 74, alors que la récolte 74, on le savait, s'était révélée médiocre.

Puis vient l'étonnante période des quatre printemps-étés chauds de 1778 à 1781, dont la conséquence fut une surproduction des vins, remarquables tant par leur quantité que par leur qualité. La vigne, plante méditerranéenne, apprécie la chaleur, et plus encore dans la moitié nord de la France où elle se situe sur ses marges septentrionales. La crise de surproduction vinique se prolongera en 1782, malgré un climat plus frais, car un été chaud (1781) « boise » la vigne et prépare une abondante vendange pour l'année suivante. Ernest Labrousse a étudié de façon magistrale cette crise de surproduction viticole, mais il a voulu y voir une partie de la crise économique qui conduisait à la Révolution française : c'est ce qu'il a appelé « l'intercycle des bas prix » de 1778 à 1782, conséquence (entre autres) du déluge de surproduction des vins. Mais je ne pense pas, à l'encontre de Labrousse, que l'on puisse parler de dix années de dépression, 1778-1787 ; il s'agit, en réalité, d'une période de *good deflation* des prix, c'est-à-dire des bas cours du blé provoqués par leurs fortes productions, elles-mêmes encouragées par une météo favorable : croissance économique, prospérité agricole, coloniale, textile... Si l'on peut parler de crise, elle concerne principalement l'année 1788. La sécheresse de 1785 fut certes quelque peu traumatique en termes de mortalité du bétail bovin et ovin, mais n'engendra point de déficit quantitatif du blé ; elle ne peut donc être considérée comme un facteur conduisant au mécontentement prérévolutionnaire : les paysans souffrent, mais la viande n'est pas chère, en raison des nombreux abattages des bêtes, faute d'eau (sécheresse 1785) et de foin ; les citadins en profitent.

Avec le problème agro-météorologique de 1787-1788, nous voici enfin en terrain solide pour envisager l'un parmi les innombrables facteurs de la Révolution française. L'année 1787, *surtout l'automne*, est fort humide. Ces pluies ont gêné les semailles. Le printemps et l'été de 1788, secs et chauds, ont occasionné un échaudage des céréales que suivront la grêle du 13 juillet et les orages d'août. Effet douche (1787). Effet sauna (printemps 88). Effet douche *bis* (été 88), le tout ayant provoqué une diminution d'un tiers des récoltes, suffisante pour hausser de beaucoup les prix frumentaires et pour créer un large mécontentement. La période qui va de l'été 88 jusqu'au 13 juillet 1789 inclus connaît donc un nombre sans cesse croissant d'émeutes de subsistances : elles contribuent à préparer la bataille politique et à semer les dents du dragon jusqu'à la veille du 14 juillet 1789, lui-même à peine déconnecté de ce facteur subsistantiel. Si la Révolution a quantité (ultra-majoritaire) d'autres causes et « gâchettes », selon le mot de Jaurès, l'année post-récolte 1788-1789 a quand même donné une poussée provocatrice, un ancrage chronologique qui favorise une rupture beaucoup plus vaste ; le tout en prélude immédiat et certes très partiel à un « tsunami » 1789 surdéterminé, lui : écologique, politique, économique, culturel, subsistantiel aussi et mille fois contestataire.

17. L'environnement « agro-météo » durant la Révolution française a-t-il eu quelques retombées socio-politiques ?

Certes, le grand hiver de 1788-1789 (par exemple), tarte à la crème d'une certaine narrativité prérévolutionnaire, a provoqué quelques décès d'origine broncho-pulmonaire ; il a stoppé les moulins par le gel, y compris en Angleterre, pendant plusieurs semaines. Il a fallu chauffer l'eau venue de la Tamise avec de la houille. Mais la cause était entendue bien avant cet hiver spectaculaire, et dès la moisson 1788 ; celle-ci s'est accompagnée d'un déficit du tiers des volumes grainetiers disponibles ; déficit suffisant pour entraîner un doublement des prix du blé au cours de l'année post-récolte 1788-1789. Cela dit, une fois les processus révolutionnaires lancés, ils échappent totalement à cette modeste causalité météo, elle-même un peu perdue dans la foule des causalités non climatiques du phénomène 89.

En revanche, il faut évoquer par la suite un épisode d'été chaud. L'été 1794[1], puisque c'est de lui qu'il est plus précisément question, coïncide par ailleurs avec la fin (Thermidor) de la Révolution « jacobine-montagnarde ». Pour autant que l'on puisse laisser de côté les questions politiques, immenses certes (Terreur, Robespierre, neuf Thermidor) l'année 1794, effectivement chaude, est en outre météorologiquement instable : caractérisée par un effet « sauna chaud-sec » au *printemps* (l'échaudage) suivi d'un *été* riche en intempéries variables (averses, grêle, orages), le tout générant une mauvaise récolte 1794 tant en Angleterre qu'en France ; il faudrait du reste parler pour la seule Angleterre de deux mauvaises récoltes, 1794 et celle de 1795, laquelle sera endommagée dès les semis, par le grand hiver 1794-1795. Un tel schéma – été chaud puis grand hiver froid – apparaît symétrique de 1788 (= printemps-été chaud avec intempéries d'été, suivies du grand hiver 88-89). Le déficit frumentaire français de la récolte 1794 (blé tantôt échaudé, tantôt super-humidifié par les intempéries qu'on vient d'évoquer) entraîne une forte diminution des récoltes 94 suivie d'une grosse augmentation, logique, des prix grainetiers, d'autant plus grave que la France est en guerre et victime du

1. Voir Labrijn, *The Climate of the Netherlands during the last two and et half centuries*, S-gravenhague, 1945, p. 108-112, notamment le graphique.

blocus maritime anglais. S'ensuit de la sorte une véritable quasi-famine française lors de l'année post-récolte 94-95, accompagnée d'une mortalité non négligeable. Les très grosses émeutes de subsistances de prairial 95 (car les greniers à grains sont vides) ne se ramènent point à un fait strictement français : l'Angleterre connaît simultanément des émeutes subsistantielles qui se répéteront encore ultérieurement par suite des nouvelles difficultés frumentaires nées du grand hiver 1794-1795, terriblement hostile aux froments semés préalablement au gel ; en France, en revanche, les émeutes homologues sont réprimées dès prairial 1795 par les Thermidoriens. C'est une clôture symbolique et sanglante du cycle radical de notre Révolution ! De même que le millésime 88 a été le « lanceur » de la Révolution, le biennat 94-95 marque la « fin des sans-culottes » (G. Rudé).

Par ailleurs, la période *proprement révolutionnaire* (1789-1794) est certes marquée par des émeutes de subsistance et par une désorganisation économique que compliquent les difficultés de transport. Mais elle ne semble pas caractérisée par de mauvaises récoltes, de 1789 à 1793 inclus[1]. Les deux épisodes remarquables coïncident bel et bien, pour les mauvaises conditions météorologiques et agricoles, avec les années 1788 et 1794.

---

1. Voir sur les émeutes de subsistance les études de Georges Lefebvre, puis Albert Soboul, Guy Lemarchand, Richard Cobb, Jacques Revel, Louise Tilly, E.P. Thomson et J.-P. Bardet.

18. Y a-t-il une « gestion Bonaparte » des aléas subsistanciels nés du climat ?

L'emprise politique de Napoléon sur l'Europe a déterminé des réponses particulières aux problèmes de l'économie de son temps, eux-mêmes issus parfois des difficultés subsistantielles, liées à la guerre, liés aussi à certains événements qui relevaient de la météo du moment.

Dès avant l'Empire, l'année 1802 (l'an X) est très difficile du point de vue frumentaire (et vinicole), par suite de récoltes déficitaires cette année-là, nées de mauvaises conditions climatiques, éventuellement banales. L'hiver 1801-1802, extrêmement humide, est resté mémorable par les vastes inondations qui ont affecté presque tous les cours d'eau français, notamment en janvier 1802 : inondation centennale à Paris ; comme en 1658, 1740 et 1910[1] ! Un printemps trop sec (mars, avril,

1. Maurice Champion, *Les Inondations en France du VIe siècle à nos jours*, Paris, 1858, rééd. Cemagref, 1999.

mai 1802) succède à cet hiver super-humide. Les conséquences économiques et humaines sont importantes (surtout pour 1802 précisément) en termes de disette relative et de démographie (baisse des mariages et des naissances, augmentation des décès d'origine infectieuse en raison d'épidémies collatérales). À cette crise, le Premier Consul apporte des réponses antilibérales classiques : suppression de la liberté des prix, réglementation de la boulangerie parisienne, constitution de stocks. Cela dit, la conclusion de la paix d'Amiens avec l'Angleterre (mars 1802) permet, au moins pour un temps, des importations céréalières : elles détendent la situation, notamment à Paris.

Lors d'une phase ultérieure, l'Angleterre, isolée depuis 1806 par le Blocus continental, est confrontée, dans le cadre d'une série d'années globalement et respectivement fraîches (de 1807 à 1814)... et d'une année brûlante (1811), l'Angleterre, donc, est confrontée à une succession de récoltes médiocres (1808, 1810) ou mauvaises (1809, 1811 et 1812) ; elles engendrent des *food riots*[1]. La France impériale, en revanche, connaît sept ou huit belles ou convenables récoltes successives, de 1804 à 1810[2].

1. *food riots* : émeutes de subsistances
2. V.F. Raulin, *Observations pluviométriques (annuelles et biséculaires) dans la France septentrionale* (1881) *et dans la France méridionale*, Paris-Bordeaux, 1876-1881.

Très céréalière à l'époque, la France est allée jusqu'à exporter du grain pendant la première décennie du XIXe siècle et elle pourra compter, bon gré mal gré, lors de la mauvaise année 1811, sur les « provendes » en provenance des « provinces-sœurs » conquises par la Révolution et l'Empire (Rhénanie, Belgique, Pays-Bas). Quant aux éventuelles émeutes de subsistance, elles sont vite réprimées : la police impériale est bien faite.

L'année 1811 apparaît comme la répétition de 1788, mais sous « l'égide » d'un État fort. Le printemps et l'été 1811, mainte fois brûlants, occasionnent échaudage et sécheresse en France, Angleterre, Suisse, Italie du Nord, Espagne : la vendange, précoce, est connotée par l'illustre et délicieux « vin de la comète », ainsi millésimé – 1811 – en raison du passage d'une comète au firmament ouest-européen. Nous sommes dans un paysage de disette, certes, mais assez différent du modèle *habituel* (hiver possiblement très froid, et surtout printemps dépressionnaire, été pourri, comme en 1315, 1661, 1693, 1740, 1770, 1816). L'an 1811 en revanche s'inscrit dans une série originale de printemps-étés chauds, malgré le PAG ; étés fort chauds ressentis à maintes reprises (de 1778 à 1781, puis en 1788, 1794, 1811... et 1846). La pénurie frumentaire, conséquence de cet échaudage 1811, sera ressentie jusqu'en Belgique, Hollande, Irlande, Italie. À partir des régions d'annexion récente, divers excédents permettront néanmoins d'assurer le ravitaillement en particulier à Paris, où l'agitation demeure toujours menaçante face au déficit des grains quasi général. Les émeutes de subsistance, notamment féminines, éclatent (Caen et autres cités normandes, ainsi qu'à Charleville). La France connaît alors un épisode de sous-production industrielle et de chômage, contraignant le gouvernement impérial à promulguer des mesures d'assistance. Crise des industries textiles en effet ; déterminée, notamment, par la concentration du pouvoir d'achat populaire sur le pain, lui-même devenu rare et cher.

19. Qu'est-ce que l'affaire Laki ?

Moins spectaculaires que l'explosion du volcan indonésien de Tambora (1815), l'éruption du Laki en Islande (8 juin 1783) et le consécutif écoulement en nappe d'énormes flots de lave basaltique intéressent les scientifiques plus encore que l'historiographie du climat : les géologues du vivant[1], parmi lesquels l'éminent M. Courtillot, y voient un modèle pour les extinctions d'espèces animales, lors du Permien. Dans l'île ultra-nordique (105 000 kilomètres carrés) se déversent, sur 580 km^2, 15 km^3 de matière enflammée accompagnée de projections de vapeurs soufrées. Les conséquences en Islande sont extrêmes. Le bétail est décimé : la moitié des bovins, 80 % des chevaux et des moutons périssent ; la mortalité humaine affecte 20 % de la population insulaire (10 000 morts pour 50 000 habitants) *grosso*

1. Voir A. Cheney, F. Fluteau et V. Courtillot, *Earth and Planetary Science Letters*, 236 (2005), p. 721-731 et J. Grattan, *Lithos*, 79 (2005), p. 343-353 ; E. Garnier, dans *Climatic Changes*, août 2010.

modo. Les décès humains ont plusieurs causes : l'appauvrissement radical qui dérive des destructions du cheptel, mais aussi l'absorption, par voie respiratoire, de composés fluorés et sulfureux. Or ces vapeurs, sous la forme d'un brouillard sec et rouge chargé d'aérosols sulfuriques, vont se répandre en Europe occidentale, voire au-delà.

Les conséquences sont-elles climatiques également, et d'abord thermométriques ? L'été 1783 en tout cas est très chaud, notamment juillet (20,6° de moyenne en Hollande, J.J.A., et vendange précoce en France) ; l'hiver 1783-1784 est extrêmement froid, avec, en février-mars 1784, d'énormes inondations. Quant aux conséquences agricoles françaises, elles sont inexistantes ou inoffensives : les récoltes 1783 et 1784 sont tout à fait correctes, sauf pour les menus grains. Mais l'impact démographique du phénomène Laki est net, agressif en Angleterre où l'on observe une surmortalité humaine à partir d'août 1783, due notamment aux inhalations d'air soufré. Il s'agit d'une intoxication de masse, dont les conséquences (surmortalité) vont se prolonger jusqu'en mai 1784 sans être pour autant gigantesques, tant s'en faut. Le même phénomène s'observe en Écosse, en Norvège, et dans une moindre mesure, plutôt régionale, en France ; nos provinces nord-est et sud-est accusent une augmentation de la mortalité (globalement) d'août 1783 à mai 84. Les registres d'état-civil de certaines paroisses françaises font état de « fièvres » qui auraient provoqué de nombreux décès – fièvres sans doute liées à ce brouillard rouge imprégné de produits soufrés et fluorés. Ainsi le Laki est-il un phénomène à la fois volcanique, écologique et climatique dont les conséquences concernent, à un degré variable selon les régions, diverses portions de l'hémisphère nord : famine en Islande, simple mortalité en 1783 et 1784 pour l'Angleterre et la France. Il ne s'agit point à coup sûr d'une « cause de la Révolution française » ! Cette même année 1783 vit aussi l'éruption au Japon du volcan Asama : ses retombées infligent de grosses pertes aux cultivateurs, puis une famine massive à l'endroit des populations nippones.

20. À quel propos parle-t-on, pour 1816, de « l'année sans été » ?

Très remarquable est le retour d'une phase importante du PAG, entre 1809 et 1817, marquée par des étés frais ; ainsi que des semestres d'hiver froids et très neigeux (1811 excepté). Un nouveau maximum glaciaire alpin démarre vers 1812-1815 et se prolonge jusqu'en 1852-1855. C'est le second hyper-PAG de l'âge moderne. S'accroissent derechef les glaciers de Grindelwald et de Chamonix. Le rail Ouest-Est des dépressions atlantiques a-t-il été déporté vers le Sud ?

Mais cette tendance est accentuée, en début de parcours, du fait de l'énorme éruption volcanique du mont Tambora dans l'île indonésienne de Sumbawa le 5 avril 1815, à 7 heures du soir. Une colonne de flammes s'élève à 50 km en altitude, le mont Tambora passe de 4 300 m à 2 850 m de « haut ». Les chutes de cendres se poursuivent jusqu'au 15 juillet, et les fumées jusqu'au 23 août.

L'explosion, qui aurait fait 86 000 morts, projette, dit-on, 150 km^3 de poussières dans l'atmosphère terrestre. L'an 1816 sera donc une « année sans été »[1] (C. Pfister). À Londres, l'éclipse de Lune de juin 1816 ne peut être observée en raison du voile des poussières ci-devant tamboriennes. En Europe et en Amérique on note un déclin des températures moyennes de 0,5°, ce que confirment les dates de vendanges franco-septentrionales et centrales : 1816 est l'année la plus tardive (vendanges) jamais enregistrée dans la France du Nord du XIVe siècle à 2003. L'an 1816 est aussi le plus froid de la décennie 1810, décennie plutôt fraîche, de toute manière, à partir de 1812 jusqu'en 1817, car on se trouve alors dans un *trend* de refroidissement de type PAG. Cette année-là Mary Shelley, bloquée sous la pluie dans un chalet près du lac de Genève, en compagnie de Shelley et Byron, donne naissance littéraire à Frankenstein...

Les récoltes américaines et européennes sont du coup déprimées ; le grain est raréfié. La France de Louis XVIII doit importer des froments venus de la mer Noire, car la Russie fut épargnée par les retombées des poussières, comme le furent aussi, plus ou

1. L'été 1816 est noté 2 par Van Engelen ; voir, d'une façon générale et qui mérite réflexion, les indices de cet auteur pour les étés (mai-septembre) : 1 : *extremely cool* ; 2 : *very cool* ; 3 : *cool* ; 4 : *fairly cool* ; 5 : *normal* ; 6 : *warm* ; 7 : *fairly warm* ; 8 : *very warm* ; 9 : *extremely warm*. *History and Climate*, sous la direction de Phil Jones, Kluwer, 2001, p. 107-113.

moins, la Pologne et les pays scandinaves. En revanche, le centre-est de l'Europe (Autriche, Hongrie, Tchéquie, Croatie) subit l'épreuve, tout comme le sud du vieux continent. En Espagne et au Portugal, la récolte des olives et des oranges souffre gravement de l'été pourri et très frais de 1816. Au Maghreb, la moisson du blé, en 1816-1817, est mauvaise, et la peste refait son apparition. Les effets climatiques et économiques de Tambora sont sensibles aussi dans l'Inde. Les historiens du climat confirment[1] : nous sommes avec Tambora, et ses conséquences tant météorologiques que frumentaires, devant un cas d'histoire mondialisée, de *big history*. Et ce, même si les conséquences varient d'une région à l'autre, selon que le pays est développé (Angleterre) ou sous-développé (Bavière), selon que les nations sont importatrices de grains ou à peu près auto-suffisantes. Liée à la chute de production des céréales, la hausse des prix est partout sensible. D'où la disette, la sous-alimentation et les épidémies qui en dérivent (typhus, fièvres, dysenteries) en Belgique et en France, notamment lors de l'année post-récolte 1816-17 ; il y a par ailleurs diminution du nombre des naissances et des

1. Richard B. Stothers, « The great Tambora eruption in 1815 and its aftermath », *Science*, 15 juin 1984, vol. 224, n° 465 ; Henry et Elzabeth Stommel, *Volcano Weather. The Story of 1816, the Year without a Summer*, Seven Seas Press, Newport, 1983 ; Pascal Richet dans *Pour la Science*, dossier n° 51, avril-juin 2006.

mariages (Wurtemberg, Bade, Suisse, Tyrol, Toscane et, dans une moindre mesure, France et Angleterre). Les émeutes de subsistance éclatent en France, en Belgique, en Grande-Bretagne – où elles s'accompagnent de grèves et de bris des machines.

Cela dit, l'Angleterre et la France ont une susceptibilité « crisique » moindre que les pays plus « primitifs » de l'Europe du Centre et du Sud. La reprise économique aura lieu en 1818 : les récoltes convenables de l'été 1817 et de l'année suivante entraîneront une chute des prix alimentaires. Retour à la normale, donc, ou à ce qui en tient lieu.

21. Quel lien les disettes et les famines ont-elles avec les conditions météorologiques ?

Il peut paraître déraisonnable de parler de disettes pour les XVIIIe-XIXe siècles, alors qu'elles semblent s'être « évanouies » depuis longtemps. En fait, les disettes n'ont pas disparu entièrement, tant s'en faut. On doit, pour être juste, distinguer trois types d'événements de ce genre :

– la famine. Sous l'Ancien Régime, les famines étaient éventuellement liées aux difficultés nées des grandes guerres. Mais la plupart du temps, elles étaient engendrées, *aussi*, par des conditions météorologiques défavorables aux récoltes du grain et au développement antérieur de celles-ci depuis les semailles jusqu'à la moisson : « conditions d'adversité » telles que pluies excessives, grands hivers ; et, vice versa, échaudage et sécheresses liées aux canicules. Les années 1314-1315 ont connu ainsi de grandes famines en Europe occidentale et centrale. D'éminents historiens médiévistes y ont vu, à tort ou à raison, la fin socio-économique du « beau Moyen Âge » roman, voire gothique. Années pourries, pluies incessantes, mauvaises moissons, grosses mortalités de 1314-1315. Viendront ensuite les grandes famines françaises de 1481 (sous Louis XI) ; millésime marqué par un hiver froid suivi d'un printemps/été pourri ; famine anglaise aussi, en 1622 ; mais il s'agit, en l'occurrence, de l'avant-dernière famine en date pour la Grande-Bretagne, dont le système agricole et maritime va ensuite se révéler plus efficient que dans la France toute proche, même si le grand hiver 1648-1649 introduit effectivement une quasi-famine en Angleterre lors de ce millésime 49, le plus rude de l'époque de la Révolution britannique. En France, la famine de 1693-1694 est une extraordinaire catastrophe nationale : 1 300 000 morts. L'Angleterre souffre moins, grâce à une agriculture plus efficace et à son commerce sur mer ; il n'en va pas de même de l'Écosse, de la Scandinavie, de la Finlande, qui connaissent une « grande faim » en 1696-1697 (froid et surtout pluies excessives en 1693 et 1696-1697).

L'an 1709 est encore de famine en France, au cours et à la suite du grand hiver, de quoi provoquer 600 000 morts. Il ne s'agit pas uniquement, tant s'en faut, de morts de faim (1693-1694) ni de froid (1709) : le grand hiver 1709 a déclenché une famine par destruction des blés en herbe à cause du gel ; la mortalité est surtout due, dans ce cas, aux épidémies qui fleurissent sur la sous-alimentation : typhus, fièvres, dysenterie. Quant à la famine de 1693-1694, elle reste, s'agissant de ses conséquences sur la population française (augmentation de 6,1 % des décès en 1693-1694), bien plus limitée, inférieure à celle que connaîtra l'Islande après l'explosion du volcan Laki en 1783 (mortalité de 20 %), ainsi que la Finlande en 1697 et l'Irlande en 1846-47.

– la disette : on peut la définir comme manque des blés accompagné ou suivi de morts assez nombreuses, mais sans le côté apocalyptique de la *famine*, tel qu'en 1315, 1693 ou 1709. L'an 1740 est ainsi marqué par une grosse *disette* : elle provoque le décès de 80 000 à 100 000 « Français ». C'est tout de même « moins pire » – et comment ! – qu'en 1693.

1794-1795 : autre année (« rallongée ») de disette, en France ; elle y fera des dizaines de milliers de victimes. Le complexus causal climatique est le même qu'en 1788-1789 (échaudage, puis intempéries), mais il n'y eut pas de mortalité particulière en 1788-89 ; en revanche l'année post-récolte 1794-1795 « voit », disions-nous, une mortalité supplémentaire assez forte, imputable en outre à la désorganisation des circuits « blatiers », née de la Révolution : le tout accompagnant la crise de subsistances du printemps 1795 qu'illustrent les émeutes sans-culottes de Prairial. On peut encore citer, parmi les années de disette en France, le millésime 1811, année d'échaudage et d'intempéries ; et surtout 1846, alors que les famines ont prétendûment disparu. Mais 1846 combine la maladie des pommes de terre et un déficit du blé, engendrant la misère, le chômage, et, 180 000 morts supplémentaires par épidémies dans l'Hexagone en deux ans (1846-47). On observe alors l'effet habituel de la disette : baisse du nombre des mariages et des naissances, tant en raison d'aménorrhées de famine que de la contraception *coïtus interruptus*, assez répandue en France depuis la fin du XVIIIe siècle.

– la disette larvée [1] : elle naît d'une mauvaise récolte ; c'est le cas de 1788-1789, année post-récolte très déficitaire, mais au cours de laquelle on n'enregistre pratiquement pas de décès additionnels ! Belle performance... Pas de catastrophe mortalitaire dans ce cas de 88-89, mais d'énormes conséquences contestataires. Dérapage, diraient Richet et Furet. Enfin, on peut évoquer 1815, l'an de l'éruption du volcan indonésien de Tambora et donc 1816, l'année sans été, enténébrée par les poussières circumplanétaires. Il n'y a pas alors de mortalité supplémentaire (1816-17) en France ni en Angleterre, nations qui disposent d'une économie vigoureuse, mais il n'en va pas de même dans d'autres pays d'Europe, notamment centrale, très atteints par « Davantage de Trépas » en 1816-1817.

1. Expression de l'historien Jean Meuvret. Voir M. Baulant et J. Meuvret, *Prix des céréales extraits de la Mercuriale de Paris (1520-1698)*, 2 vol., SEVPEN, 1962.

22. Les révolutions de 1830 et 1848 s'inscrivent-elles dans un contexte écologique éventuel ?

Les deux grandes révolutions du XIXe siècle ne sont certes pas d'origine spécialement « climatique », mais elles s'inscrivent dans un contexte d'écologie original pour chacune d'entre elles et néanmoins significatif. Le blé a quitté le Moyen-Orient pour les latitudes tempérées depuis plus de 8 000 ans environ. Dans les bassins de Paris et de Londres notamment, il redoute les *hivers* qui « descendent » à moins 10° ou pire encore ; mais aussi les *printemps-étés* pourris qui tuent les emblavures sur pied, puis en gerbe ; et, marginalement, l'*échaudage-sécheresse* de l'été. Sur la Révolution de 1789, on observera que 1788 et 1794 furent deux millésimes chauds (en moyennes thermiques globales annuelles respectives), sortes d'années de « mousson » avec intempéries ; l'année pré-récolte 87-88 est ainsi caractérisée par des pluies initiales (automne 87), un échaudage en avril-mai 89, puis un été chaud, *très perturbé*, de type « orage cévenol » (grêles, averses) : autant de conditions météorologiques qui vont nuire aux récoltes et faire mûrir « les grains de la colère ».

La révolution de 1830 prend place, elle, dans un contexte de mécontentement (1827-1832) que la mauvaise agro-météo sous-tend pour une part. La classe moyenne, bien sûr, souhaite obtenir ou maintenir des libertés à l'encontre des Ordonnances de Polignac. Elle revendique concrètement une participation au pouvoir. Or elle est soutenue dans l'immédiat par une plèbe que mécontente la vie chère due aux mauvaises récoltes de 1827, 1828 et (plus tard) 1830 et 1831, dont les répercussions se feront sentir jusqu'en 1832. Ces années-là « voient » de médiocres rendements frumentaires : ce sont années pluvieuses à partir de 1827 ; surtout 1828, puis 1830, millésime de grand hiver qui plus est (1829-30) : « Il faudra faire danser cet hiver », dit-on dans la bonne bourgeoisie parisienne, qui s'attend à devoir donner des bals de bienfaisance. 1831 s'affiche comme nouvelle année pluvieuse, globalement fraîche et pourrie. Cette situation météorologique nous est connue par le nombre mensuel de jours de pluie, et grâce aux mesures des précipitations (par pluviomètre) en millimètres dans le Bassin parisien et en Hollande ; connue aussi par les niveaux de la Seine, bien observés depuis 1719 ou

1732 jusqu'en 1858 ; les moyennes établies par Arago montrent que ce fleuve a connu des maxima spécialement impressionnants, de 1827 à 1831. Certes, la politique, lors des ordonnances de Charles X, demeure *primordiale* ; mais un mécontentement de moyenne durée, dû à la vie chère par suite des mauvaises récoltes diminuées par les pluies et à la baisse des salaires réels, a engendré des émeutes de subsistances. Le tableau de ces « mouvements divers » est très caractéristique pour les années post-récolte 1827-1828, 1828-1829 et 1830-1831, voire 1831-1832. Il s'agit d'émeutes classiques destinées à faire baisser autoritairement et s'il le faut violemment les prix du panifiable : d'où incendies de granges, propriétaires menacés par des mendiants – toute une série de troubles persistants, notamment dans le centre et l'ouest de la France : il y a là une tradition de violence paysanne, plutôt de droite que de gauche. La révolution de 1830 constitue le point culminant, le moment de politisation maximale de ces troubles : ils ont créé, à partir de tels mécontentements, un certain « climat » ; ainsi la plèbe parisienne est-elle motivée à se joindre, en cours de route, aux mouvements essentiellement politiques, qui sont issus de ces contestations d'un ordre établi[1].

---

1. Voir Paul Gonnet, « Crise économique en France de 1827 à 1835 », *Revue d'histoire économique et sociale*, 1955, vol. 33, nº 3, p. 249-292.

Différent est le contexte agro-météorologique (1845-1848) quant à la révolution de 1848. La période est plutôt marquée par une poussée maximisante des glaciers alpins (Mer de glace 1842-1852) due à des hivers très neigeux, mais elle connaît aussi un été chaud, celui de 1846. Il n'est pas question de réduire la révolution de 1848 à des conditions écologiques, ce serait grotesque : mais il faut rappeler que la situation économique de l'époque n'est pas optimale : la maladie (d'origine américaine) des pommes de terre démarre en 1845 en Irlande, aidée incidemment par un été très humide qui stimule la dispersion des spores de *fungus infestens*. Puis cela se répand sur le continent européen, occasionnant une disette, tant la pomme de terre était devenue l'une des bases de l'alimentation populaire. À cela (*Fungus*) s'ajoute le coup d'échaudage et de sécheresse (*Phoebus*) de l'année 1846 ; il engendre en France une diminution d'environ 30 % de la récolte de blé : le trimestre estival 1846 est l'un des douze étés les plus chauds des 500 dernières années dans l'hémisphère nord [1], après un printemps lui-même très tiède ; c'est le plus chaud de la période 1827-1852 en Angleterre, mais aussi en Belgique, aux Pays-Bas, en Allemagne. L'accumulation de ces phénomènes (maladie de la pomme

1. Voir K.R. Briffa, dans *Global and Planetary Change*, 2003, cartographie des douze hivers et douze étés les plus froids et les plus chauds des cinq cents dernières années.

de terre, réduction de la productivité des céréales, disette) est à l'origine d'une crise (1846-1847) à la fois économique (cherté des subsistances, paupérisation des populations), sanitaire (typhus, dysenterie) et démographique (surmortalité, baisse de la nuptialité et de la natalité) en Europe et notablement « chez nous ». Cette crise se concrétise par des manifestations diverses (mendicités de masse, révoltes de la faim…) ; elles prendront en France, puis dans l'ouest et le centre de l'Europe (*Tumultus*), une allure politique et révolutionnaire. Après l'été des canicules viendra le « printemps des peuples » !

23. Pourquoi la crise de 1839-1840 a-t-elle « avorté » ?

Entre les deux révolutions de 1830 et 1848, l'épisode de 1839-1840 offre des conditions agro-météorologiques elles aussi défavorables et qui auraient pu conduire dans le cadre d'un « été rouge » (J.-P. Caron) à une situation quasi révolutionnaire. Mais les répercussions proprement politiques seront ici différées ; et, pour filer la métaphore astronomique, on peut parler d'un « avortement d'une étoile sombre ».

Deux études importantes sur les émeutes de subsistances liées à de mauvaises récoltes[1], souvent consécutives aux conditions météorologiques, ont établi pour le XIXe siècle une chronologie significative. Elles font apparaître plusieurs crises météo-céréalo-déficitaires dans la première moitié du XIXe siècle :

1. E. Bourguinat, *Les Grains du désordre*, Paris, 2002 ; et D. Béliveau, *Les Révoltes frumentaires en France dans la première moitié du XIXe siècle. Une analyse des rapports de sociabilité... et de leurs impacts sur la répression des désordres*, thèse très remarquable, magistrale, dirigée par Jacques Revel, EHESS, 1992.

1811, 1816-1817 (post-Tambora), 1830, 1846-1848... et 1839-1840, crise avortée. Celle-ci se traduit par des émeutes de subsistances, de septembre 1839 à mai 1840, notamment dans l'ouest et le centre de la France ; elles réagissent au bas rendement fromental, le plus bas connu entre 1835 et 1845 ; ainsi qu'à la hausse des prix frumentaires que celui-ci engendre et à la menace de disette consécutive. La cause de ces mauvais rendements est pour l'essentiel météorologique, tant en Angleterre (s'agissant de l'an 1838 ; et puis va sévir ensuite une nouvelle augmentation des prix du grain britannique pendant l'année post-récolte [APR][1] 1838-1839), qu'en France, car dans l'Hexagone il y a le rude hiver de 1837-1838, puis un printemps froid et gélif ; été 38 frais ; enfin, après l'hiver 1838-1839 (un peu moins sévère, lui, que le précédent), vient un printemps 1839 derechef tardif et un été 39 instable, froid, avec de mauvaises moissons. L'année 39, par ailleurs, est l'une des plus arrosées qu'on ait connues entre 1830 et 1846 aux deux rivages de la Manche. Comme le confirme aussi la chronologie des inondations : fortes crues en février et mars 1839. Bref, se succèdent deux à trois mauvaises récoltes imputables au classique *cold wet complex* en Angleterre ;

1. APR : année post-récolte ; par exemple, APR 1838-1839 : elle va depuis la récolte, incluse, de juillet ou août 1838, jusqu'à l'immédiate *avant-récolte* de 1839 inclusivement ; soit une douzaine de mois, au total, d'un été l'autre, ou d'une moisson l'autre.

ainsi qu'une série de médiocres moissons et une très mauvaise récolte en France en 1839 ; elles produisent un mouvement de cherté des grains avec des émeutes bien caractérisées et des grèves lors du printemps 1840. Ces troubles se prolongent jusqu'en 1841, année de l'« été rouge[1] », bien que la situation céréalière se soit améliorée entre temps. On peut même parler, pour le coup, d'une agitation politique « décalée », à retardement.

Sur un mode plus global, il apparaît que les émeutes de subsistances ont non point causé, mais accompagné ou « mis en musique » les trois révolutions importantes de la période (1789, 1830, 1848). Et si toutes les crises de subsistance ne provoquent pas de révolution, il apparaît pourtant que la France, à la différence d'autres pays, se comporte comme une caisse de résonance révolutionnaire, une « peau de tambour », pour des raisons qui tiennent peut-être à la centralisation étatique ; les agitations les plus diverses, périphériques et centrales, se répercutent et s'amplifient avec une facilité désarmante, jusqu'au cœur (parisien) du système. Mais ces « déclics », en principe imparables, n'ont pas fonctionné en 1839-1840. Doit-on s'en plaindre ?

1. Jean-Claude Caron, *L'Été rouge*, Paris, Aubier, 2002.

24. Peut-on dater la fin du petit âge glaciaire alpin ?

On peut dater la fin du PAG *alpin* (Mer de Glace, notamment) de 1854 et des dernières années de la décennie 1850. Celle-ci « voit » les dernières palpitations de ce petit âge glaciaire et se caractérise incidemment par un « paquet » de printemps-étés plutôt frais jusque vers 1856 ; et surtout, elle constitue le butoir terminal et chronologique du PAG avant le réchauffement du XIXe terminal et principalement du XXe siècle post-1910. Les grands glaciers (Aletsch, Gorner, Grindelwald, Rhône, et ceux de Chamonix) connaissent des avances maximales dans les années 1840 puis 1850. Aussitôt après, vient le recul glaciaire/alpin à partir de 1857-1860. Par ailleurs, du point de vue « météo » des subsistances, la décennie 1850-1859 est assez complexe.

Après la Révolution de 1848, le régime autoritaire du Second Empire va réprimer les velléités contestataires. Or certaines années de la décennie en question se révèlent frumentairement pénibles, en raison d'une mauvaise conjoncture météorologique, sur le modèle (jadis) des années 1827-1831. Une série d'années pluvieuses (1852-1857) avec de fortes inondations en France (avril-mai 1856), combinées à un hiver très froid (1855), dessinent en effet un schéma « météo » possiblement défavorable aux moissons : lui-même souligné par deux franchement mauvaises récoltes (1853 et 1855) ; plus généralement, il y a une baisse des rendements[1] frumentaires de 1849 à 1856, ouvrant des fenêtres d'opportunité pour ces millésimes à minima de production blatière que sont, en France, 1853, 1855 et 1856. L'Angleterre et la Belgique connaissent aussi de médiocres moissons, assez analogues. Ce déficit céréalier entraîne une augmentation des prix du grain, ainsi que des difficultés pluriannuelles pour le petit peuple des campagnes et des villes. Les émeutes de subsistance éclatent ici et là. Ce seront les dernières grandes chertés de « l'Ancien Régime économique » (E. Labrousse). Les avatars météorologiques de la période mise en cause évoquent à des degrés divers celles des années 1314-1315 et surtout des décennies 1590 et 1690, voire les millésimes trop humides, ou frais à l'excès, que furent 1740, 1770, 1816, 1827-1831, 1839. Et pourtant, des catastrophes humaines comme celles de la fin respective des XVIe et XVIIe siècles sont impensables au temps

1. *HHCC* II, p. 434.

de Louis Napoléon Bonaparte. Par ailleurs, la « phase » 1860, qui fait transition entre l'Empire autoritaire et l'Empire libéral, est marquée par des progrès commerciaux, ferroviaires, agricoles, maritimes et libre-échangistes, autorisant les arrivages de blé d'Amérique et de Russie : l'association « grain cher/-désordres » n'est plus tout à fait de saison. La contestation très ultérieure et les épisodes potentiellement révolutionnaires (1871, 1936, 1945) n'auront plus guère à voir avec la météo. À l'exception quand même des crises de 1907 (surproduction du vin) et de 1947 (déficit des subsistances), celle-ci étant un mixte de passéisme et de modernité contestante et contestable.

Quoiqu'il en soit, une série de beaux étés (1857, 1858, 1859), favorables aux récoltes, met donc fin à la mauvaise conjoncture agro-météorologique des années 1850. Combinés avec des hivers moins neigeux, ces étés chauds post-1856 lancent ou accroissent le grand mouvement de recul des glaciers alpins : il va se prolonger, avec des fluctuations et quelques ressauts intermédiaires et intermittents, jusqu'à nos jours. Le retrait glaciaire, de 1860 à 1880, est dû à des étés chauds mais aussi à un moindre enneigement des hivers (Christian Vincent). Le réchauffement pur et simple puis, plus tardivement, l'effet de serre ne prendront le relais qu'à partir de 1893, et surtout de 1911 ; ensuite, pendant le reste du XXe siècle. Avant ces dates, le *global warming* et la *sustained growth* (croissance soutenue) de la chaleur n'étaient pas encore tout à fait à l'ordre du jour. Sinon par bribes, ou par à-coups (par exemple de 1857 à 1880...)

25. Quel éclairage l'histoire du climat donne-t-elle au réchauffement actuel ?

Le réchauffement actuel de la planète (*global warming*) est désormais bien connu ; mais ce qui intéresse l'historien d'Europe, ce sont aussi les conditions locales de ce réchauffement ; elles sont soigneusement étudiées par l'historiographie climatique pour la France et pour les pays environnants, notamment la Suisse (École de Berne) et la Grande-Bretagne.

La tendance aux hivers plus doux (d'octobre à mars) s'esquisse à partir de 1896. Elle ne s'est démentie provisoirement que par affaissements thermiques momentanés au long du XXe siècle, avec une nette accentuation calorifique, en revanche, depuis 1988.

Par ailleurs, et si l'on remonte pour un instant vers la fin du XIXe siècle, la série fraîche des températures moyennes annuelles de 1887-1891 peut servir de « plancher » à partir duquel le réchauffement est bien marqué. Le comptage décennal, quoique simplificateur, est ici commode, pédagogiquement. La décennie 1891-1900 à Paris et Londres voit un premier et net réchauffement global ; la décennie suivante, 1901-1910, re-plonge un peu, quoique sans toujours retrouver les fraîcheurs de la décennie 1881-1890. À partir de 1911, on observe une première vague de réchauffement soutenu (*sustained growth*). Ce réchauffement continue progressivement en France, lors des décennies 1911-1920, 1921-1930 (à petit feu, celle-ci) et 1931-1940. À partir de la décennie 1921-1930 incluse, en Angleterre, il s'agit d'un supplément de chaleur inédit et non plus seulement de la récupération de séries chaudes antérieures et déjà connues ou expérimentées, par exemple en diverses phases du XVIIIe ou du XIXe siècle. Cette fois, c'est déjà du réchauffement *vrai*, par rapport aux périodes et siècles précédents. Les étés chauds de la décennie 1940 en témoignent pour l'Angleterre et la France ; ceux de 1945, 1947 et 1949 sont parmi les plus chauds, jusqu'en 1976 puis 2003. Cette année 2003 marquera la culmination provisoire d'un quasi-siècle de réchauffement en Europe occidentale et ailleurs. Est-ce dû à la production excessive du CO_2 ? L'historien, en principe, n'est pas qualifié pour trancher ce point. Doit-on avancer cependant la conjonction d'autres facteurs, différents (soleil, NAO, volcans plus ou moins actifs) ? Il apparaît néanmoins que les injections massives de CO_2 et de méthane, à titre industriel, pour la période 1989-2010, constituent le facteur capital[1] et prépondérant. L'Europe, en tout cas, est passée par un optimum climatique de 1931 à 1950, même si la guerre a empêché les Européens de le goûter, on nous pardonnera cet *understatement*. Les décennies 1951-1960 et 1961-1970 sont certes marquées par un rafraîchissement modéré et momentané que symbolisent, parmi d'autres annuités et mensualités effectivement fraîches, les grands hivers de février 1956 et de 1962-1963 ainsi que l'année 1958, hyper-pluvieuse et plutôt fraîche. Le réchauffement reprend, avec beaucoup de modération dans le moyen terme, à partir de la décennie 1971-1980 (canicule et sécheresse de 1976) et surtout, et bien davantage, au cours des années 1981-1990 : le triennat 1988/89/90 marque un véritable bond en hauteur des températures pour les hivers, les printemps, les étés et l'année entière. Les automnes français avaient pris de l'avance, calorifique, dès 1981-1982. La décennie 1990, souvent agréable de ce fait, est

1. Une étude récente de M. Lockwood *et al.* semble bien contredire l'idée d'un rôle particulier de telle ou telle activité solaire croissante, quant au réchauffement de l'atmosphère terrestre enregistré depuis les années 1980 jusqu'à nos jours (cf. « Le soleil exonéré », dans *La Recherche*, sept. 2007, p. 12). Le CO_2 aurait donc une influence réchauffante prépondérante... Voir aussi les travaux d'Edouard Bard à ce propos.

la plus chaude du XXe siècle ; le réchauffement culminera plus encore lors de la décennie suivante, première du XXIe siècle. Je pense notamment aux deux canicules d'août 2003 et juillet 2006.

26. Peut-on parler, pour le xxe siècle, d'un réchauffement différentiel des saisons, dans le cadre d'une globalité annuelle et séculaire ?

Luterbacher s'est attaqué[1] à cette question avec brio pour l'Europe. Il a surtout traité du xxe siècle, quand le recul des glaciers se situe sous le contrôle non plus des neiges insuffisantes mêlées à des chaleurs provisoirement accrues (comme pour la période 1860-1880), mais bel et bien sous l'influence des températures croissantes post 1910-1920. Pour les hivers du xxe siècle, le chercheur bernois note un réchauffement de 0,08° par décennie, soit 0,8° pour l'ensemble du xxe siècle. Pour les étés, Luterbacher trouve une tendance réchauffante de 1902 à 1947[2] suivie par un rafraîchissement jusqu'en 1977 ; et ensuite un réchauffement estival

1. *Science*, vol. 303, 5 mars 2004.

2. La saison estivale brûlante de 1947, c'est, *post factum*, l'« été bikini » par excellence, au moins pour les plages.

sans précédent qui mène ainsi à la plus chaude décennie d'étés du xxe siècle, un peu prolongé, celle qui va de 1994 à 2003.

Si l'on utilise, en Europe toujours, les températures homogénéisées pour l'année entière, c'est-à-dire purgées des réchauffements d'origine anthropique constatés dans les grandes villes ou aux alentours de celles-ci, on passe d'une température moyenne annuelle (décennale) de 8,9° (aux Pays-Bas) en 1901-1910 à 10,1 en 1991-2000. En Angleterre, les chiffres correspondants, plus resserrés, s'établiraient à 9,1° au début du xxe siècle ; et 9,9° pour la décennie finale de celui-ci. On retrouve ailleurs ce réchauffement de 0,8° que l'on considère en général comme typique de ce qui s'est déroulé au xxe siècle en termes de croissance thermique soutenue (*sustained growth*) depuis l'initiale décennie post-1900 jusqu'aux dix dernières années de ce qu'on appelle désormais « le siècle précédent ».

27. Qu'en est-il des hivers froids[1] après les dernières années du PAG alpin, autrement dit à partir des années 1860 ?

La fin du PAG alpin, à partir de 1860, n'implique nullement bien sûr que soit mis un terme à l'occurrence des hivers froids, y compris quand il s'agit de grands hivers. La variabilité s'impose, comme toujours. Le premier recul des glaciers alpins après 1854-1860 semble s'expliquer principalement par un manque de neige hivernale, et par l'occurrence d'étés chauds qui encouragent l'ablation. Le réchauffement séculaire à part entière semble surtout perceptible après 1900, très précisément après 1895 pour les hivers. Ajoutons que certains théoriciens du Gulf Stream et de ses mutations ou blocages éventuels, en liaison avec les problèmes du « changement climatique », nous annoncent de temps à autre

1. Ce paragraphe et les suivants doivent beaucoup aux travaux de Guillaume Séchet.

un nouvel âge glaciaire. En tout état de cause, l'hiver froid et même le grand hiver ne sont pas encore à part entière des espèces en voie de disparition, vraie ou fausse, et ils sont d'autant plus dignes d'intérêt.

J'utiliserai ici, comme je l'ai fait à maintes reprises, la série d'Angleterre centrale, homogénéisée, purgée du réchauffement local d'origine urbaine et donc digne de confiance.

La moyenne thermique des hivers anglais (DJF) pour une période de référence 1900-1950 s'établit à 4,2°. Nous fixerons donc arbitrairement à 3° la limite au-dessous de laquelle on peut parler d'hivers froids et éventuellement d'un grand hiver, quand cette température moyenne DJF descend vers les 1,5 ou 1,7 comme en 1917 et 1929, etc. Une telle moyenne trimensuelle peut paraître relativement élevée à raison quand même d'un peu moins de 3°, mais elle peut impliquer, en certains jours ou en certaines semaines de DJF, des températures minimales inférieures ou très inférieures à 0°, voire à –10 °C.

Au fil des années, un premier duo d'hivers froids britanniques post PAG apparaît en 1860 et 1861, respectivement à 2,3° et 2,7° (DJF) [1]. Suivra 1865 (2,7° de moyenne DJF) ; Van Engelen parle effectivement à ce propos d'une saison *severe*.

1. La température de l'hiver 1860, *alias* 1859-1860, n'est autre que la température moyenne de DJF, soit de décembre 1859, puis

La décennie 1870 se signale par les frimas excessifs de l'hiver 1870-71, à 2,4° DJF en Angleterre centrale. Les Parisiens ont beaucoup souffert (faim et froid) de cette « mauvaise saison », en raison des rigueurs du siège de Paris mis en place par les Prussiens : la disette en forme de quasi-famine s'est alors combinée au gel, et le *Journal* d'Edmond de Goncourt a tracé de ces mois difficiles un tableau assez effrayant. La décennie 1871-1880 se révèle par moments désagréable puisqu'elle est ensuite affectée par le DJF Angleterre centrale de 1874-1875 à 2,8° de moyenne (gelées en décembre, janvier et février, jusqu'au 7 mars d'après la série d'Easton [1]).

Les années 1880, qui de toute manière constituent un plancher thermique, proposent une décennie fraîche (avant les années 1890 plus tièdes et avant les années 1910 plus tièdes également, elles-mêmes initiatrices du moderne réchauffement séculaire) ; ces années 1880 sont fermement clôturées vers l'amont chronologique et vers l'aval par des hivers importants : notons dès avant le commencement des années 1880 l'hiver 1878-1879 à 0,7° ; puis l'hiver 1879-1880 à 2,5° (notamment par la faute du mois frigidissime que fut décembre 1879) ; enfin l'hiver de 1880-1881 à 2,3° DJF, toujours en Angleterre centrale. En somme, un tiercé hivernal froid ou très froid

janvier et février 1860 ; et de même pour les autres millésimes hivernaux ci-après.

1. C. Easton, *Les Hivers dans l'Europe occidentale*, Leyde, 1928.

1879/80/81. C'est ensuite le remarquable trio d'hivers froids 1886, 1887 et 1888, à raison respectivement de 2,4°, puis 2,7°, enfin 2,5° DJF. On a donc pratiquement deux triplés hivernaux froids au début puis au cours de la décennie 1879-1888.

Les années 1890 correspondent à une décennie 1891-1900 plutôt réchauffée, au niveau annuel global. Cela n'empêche pas que la première moitié de ce décennat renferme elle aussi un trio d'hivers froids, non point successifs, comme dans le cas de 1886/87/88, mais si l'on peut dire tous les deux ans ; bref, alternatifs.

Il s'agit de :

1891 (DJF) = 1,5° (c'est vraiment un grand hiver)

1893 = 2,9° (à la veille d'une forte canicule estivale, celle de 1893 précisément, structure contrastée, qu'on retrouvera par exemple en 1947). Circulation méridienne, donc : anticyclone froid en hiver ; anticyclone chaud en été.

Enfin 1895, soit DJF = 1,2°.

Tout change à partir de 1896, ou disons de 1896 à 1916. Pendant cette période qui dure 21 ans, on ne trouve plus un seul hiver qui mérite le qualificatif de *froid*, si l'on accepte la barre anglaise des 3° que nous avons donnée comme indicative en dessous de laquelle l'adjectif *cold* nous paraît devoir se justifier.

Surgit alors, au terme de ces 21 années plutôt douces, l'hiver effectivement très froid de 1917, un grand hiver (1,5°) qui détruit les emblavures, en particulier dans les deux vastes nations européennes belligérantes, France et Allemagne ; de quoi aggraver les restrictions alimentaires dues bien évidemment, de façon plus générale, au conflit guerrier, et cela au cours de ce qu'on appellera par la suite « l'année des rutabagas »... et du Chemin des Dames ; c'est-à-dire 1917 en effet et ses douze mois d'année post-moisson, 1917-1918 où tout se surdétermine, mauvaise récolte 1917, et blocus alimentaire de l'Allemagne par les alliés. Cette aggravation s'était manifestée dès le stade de la production agricole puisque l'hiver 1916-1917 avait météorologiquement rendu pires encore les mauvaises conditions dans lesquelles travaillaient les fermiers depuis 1914-1915, privés de main-d'œuvre, d'engrais, de chevaux et de machines.

Autour de la vingtaine d'années suivantes (ou davantage), l'occurrence d'hivers froids observe, comme après 1895, un rythme d'une considérable lenteur et parcimonie. Après les disgrâces de 1917, un nouveau grand hiver rude, lui aussi, n'interviendra en Angleterre qu'en 1929 (DJF = 1,7°). On a donc connu presque onze années douces. Et cette douceur persiste : les années trente constituent *une décennie entière* sans froidure hivernale notable ; aucun hiver froid anglais en effet à moins de 3° de moyenne de 1930 à 1939 ! Dix années hivernales douces ou moyennes. Tout cela, depuis 1900, est conforté par les moyennes décennales de Météo-France, à l'échelle de plus de vingt stations (d'observations thermiques) disséminées judicieusement dans l'Hexagone de 1911 à 1939.

Au total, le tableau avec ses contrastes est frappant ; à partir de la fin du petit âge glaciaire, *au sens strictement alpin du terme*, on a de 1860 à 1895, sur 36 années, 14 hivers froids, à moins de 3° de moyenne DJF en Angleterre centrale, soit une année avec hiver froid, sur 2,6 années ; ou tout simplement un hiver froid tous les deux ans et demi.

Or durant la période suivante, de 1896 à 1939, soit pendant *44 années*, on a seulement *deux* hivers froids de même type (< 3 °C), ceux de 1917 et 1929 (du reste très froids en effet, respectivement à 1,5° et 1,7° DJF/UK). En d'autres termes, au lieu d'un hiver froid tous les deux ans et demi lors des 36 années 1860-1895, on a, de 1896 à 1939, un hiver froid *tous les 22 ans*, rythme presque huit fois moindre qu'avant 1896. En 1895, c'est la fin de la série froide ; en 1896, c'est le début de la série douce. On ne saurait mieux dépeindre le réchauffement hivernal du premier XXe siècle, parfaitement évoqué du reste dans le grand travail de Luterbacher, à l'échelle européenne.

Le météorologiste allemand H. von Rudloff avait bien conscience de ce dégel hivernal du premier

XXᵉ siècle, et j'en avais fait état également dans mon *Histoire du climat depuis l'an mil* (1967), en un chapitre significativement intitulé « le réchauffement récent ».

On peut ainsi distinguer une fin du PAG alpin dès 1860, voire dès 1855, mais aussi une fin du PAG européo-climatique, plus précisément européo-hivernal, seulement à partir de 1896, du moins quant aux hivers en effet, avec une grande phase de relatif « dégel » jusqu'à l'hiver de 1939 (= 1938/39) inclusivement.

Cela dit, ce dégel n'est pas une rivière sans retour issue des glaces et bien décidée à n'y point retourner. Au cours des années 1940, on note en effet de violentes attaques du super-froid hivernal, en dépit d'une décennie qui, *pour les moyennes annuelles*, subit fortement les effets du réchauffement global du premier XXᵉ siècle, en particulier pour le trois autres saisons. Dialectique du malheur et du bonheur ? Gel hivernal mais attiédissement global ? Bonheur (!) très relatif, du reste, puisque tout cela est vécu sous les terribles auspices de la Seconde Guerre mondiale.

Gel hivernal : il s'agit en l'occurrence des hivers froids, parfois grands hivers « à la queue leu leu », de 1940 (= 39/40), puis 1941, enfin 1942 (respectivement[1] 1,5° puis 2,6°, puis 2,2° [DJF/UK]). Le

1. Jurg Luterbacher a mis en relation ce tiercé des trois hivers rudes successifs (1940-41-42), lui-même déterminé en effet, dit-il,

premier de ces hivers (39-40) a été très dommageable aux emblavures, notamment françaises, et il a contribué à mettre en péril le ravitaillement des populations de notre pays après la défaite de l'été 40, population déjà gravement affectée par les réquisitions allemandes. L'hiver 1941-1942, en décembre et janvier, a étendu son emprise jusqu'en Russie. Il a de la sorte apporté aux troupes soviétiques du général Joukov la précieuse collaboration du général Hiver au détriment de la Wehrmacht qui subit pour le coup sa première grande défaite (devant Moscou) depuis le début de l'opération Barbarossa. Il suffit de consulter les relevés des températures moscovites de l'hiver 1941-42, les plus glaciales et de beaucoup depuis de nombreuses décennies russes.

L'an 1947 est aussi doté d'un grand hiver (1,1° DJF) (toujours d'après l'Angleterre centrale) et qui fait un tort considérable aux emblavures, aidé en cela par la sécheresse-échaudage qui suivra pendant l'été 47. Le ravitaillement va en souffrir, car l'été 47 est hyper-caniculaire, ce qui au total porte préjudice aux rations alimentaires des Français, confortées heureusement, quand même, par certaines importations du « Panifiable », venues des États-Unis. Le tout en pleine crise socio-politique matérialisée par

par une fluctuation importante du facteur « El Niño » dans le Pacifique.

les grèves de l'automne 1947, dont les causes, elles, se révèlent en effet économiques... et autres (fort politisées, notamment).

L'an 1951 : 2,9° (= DJF, pour 1950/51). Cette performance thermique médiocre, au-dessous de la barre des 3°, est due pour l'essentiel aux très basses températures du mois de décembre 1950 : elles font plonger la moyenne DJF anglaise un peu au-dessous des 3° canoniques. Par ailleurs, l'année 1951, outre son hiver ainsi « refroidi » à partir de décembre 1950, sera dotée d'un printemps très froid et d'une énorme pluviosité quadrisaisonnière en Grande-Bretagne et aussi au sud du Channel. D'où moissons anglaises affectées par toutes ces incidences : récoltes diminuées quant aux céréales (sauf l'orge), quant aux pommes de terre et betteraves à sucre également. S'agissant de « notre » Hexagone, la qualité du vin millésime 1951, en ce contexte négatif, fut exécrable dans tous les grands vignobles sans exception : Bordeaux rouges, et blancs secs ; Sauternes ; Bourgognes rouges et blancs ; Champagnes ; Val de Loire, Alsace et Côtes du Rhône[1]. La vigne, selon un mot cher à De Gaulle, a « pissé le vinaigre ».

1956 : hiver très rude en février, mensualité la

1. D'après les notations chiffrées annuelles (fort basses en 1951) du *Guide Hachette des vins*, éditions actuelles ou antérieures à 1998, pour ces sept régions.

plus froide depuis décembre 1879, la moyenne DJF cependant se situant à 2,9°.

Février 56 assassine par le gel les oliviers de France et partiellement d'Italie.

La décennie suivante offrira « seulement » le très grand hiver de 1962-1963 (DJF = moins 0,3° !). On est donc revenu, répétons-le, au rythme d'un ou deux hivers froids par décennie, un peu plus fréquemment donc qu'en 1896-1939, quand c'était seulement un tous les 22 ans. Le rythme des hivers froids à partir de 1948 (un par décennie) est en tout cas nettement moins précipité que lors du XIXe siècle (1860-1895 : un hiver froid tous les deux ans et demi) ; nettement moins précipité aussi que pendant la décennie 1940 (quatre hivers froids 1940, 41, 42 et 47 en dix ans de 1939 à 1948). Les trois hivers rudes, un ou deux par décennie de 1951, février 1956 et de 1963, connotent ou du moins illustrent un léger rafraîchissement global bidécennal qu'on enregistre en effet au cours des années 1950 et surtout 1960.

La décennie 1970-1979 est encore dotée d'un hiver rude (1979 DJF/UK = 1,6°) ; il s'agit donc, là aussi, d'un assez grand hiver. Les années 1980 se distinguent en revanche par trois hivers assez rudes dont deux en couple, soit 1982 (DJF = 2,6°) ainsi que 1985 et 1986 à la file (DJF = 2,7° et 2,9° respectivement). Si l'on fait le bilan pour le Royaume-Uni de ces années 1948-1986, soit 39 ans, on a sept hivers froids, soit un tous les cinq ans et demi.

Qui plus est, la chaude révolution climatique de 1988-89-90 va changer la donne hivernale : à partir de cette date, les quelques hivers un peu frisquets ou *assez frais* que l'on enregistre (statistiques françaises nationales, celles-ci fournies par Daniel Rousseau) se situent en 1991 et 1992 (en Angleterre DJF = 3,0°, puis 3,6°), ensuite en 1996 (DJF anglais = 3,0°), et en 1997. Enfin l'hiver 2005 fut-il affecté par quelques froidures, se situe au-dessus, semble-t-il, des grands hivers glacés du XIXe siècle.

Tout cela ne signifie nullement bien entendu qu'un retour violent de froid d'hiver soit nécessairement à exclure. Mais au total cette histoire des hivers sur laquelle vous, Madame Vasak, souhaitiez obtenir quelques informations, correspond bien à ce que propose Jurg Luterbacher[1] ; selon lui, le *trend* européen linéaire de température hivernale pour le XXe siècle, soit de 1901 à 2000 (malgré un petit plongeon froid lors des années 1944 et 1950) est de +0,08 °C par décennie. La décennie 1989-1998 est la plus chaude, hivernalement parlant, depuis 1500, plus chaude encore que la période qui s'écoulait de 1733 à 1742.

Au plan d'une triple décennie, les hivers qui vont de 1973 à 2002 constituent vraisemblablement la

1. Jurg Luterbacher *et al.*, *Science*, vol. 303, 5 mars 2004.

période tridécennale la plus chaude qu'on ait connue au cours du dernier millénaire. On se souvient enfin de la très grande douceur de l'automne 2006 et de l'hiver 2006-2007, jusqu'au mois d'avril particulièrement chaud, lui aussi. Certes, l'été 2007 a été ensuite relativement frais et humide dans la moitié nord de la France, mais les Balkans durant cette même saison d'été ont connu une canicule impressionnante, incendiaire et mortalitaire, comme « autrefois » chez nous en 2003.

28. Pouvez-vous évoquer l'un des grands hivers du XXe siècle, avec ses conséquences humaines ?

L'an 1956 est en effet, pour sa part, un millésime historique. La révolution hongroise, réprimée à Budapest. L'échec anglo-français à Suez... Et puis, le grand hiver de 1956... Février en cet an fut le mois le plus froid depuis décembre 1879. Le plus froid aussi du XXe siècle.

D'après Guillaume Séchet, on descend en février 1956 à des minima de –26 °C du côté de Nancy ; et 70 cm de neige tombent sur Saint-Tropez.

Qui plus est, passée la saison normalement froide, les choses ne s'arrangent pas. Van Engelen, éminent climatologiste néerlandais, note l'hiver 1956 comme « *severe* », bien sûr, mais l'été 1956 comme également « *cool* ». De fait, les fraîcheurs de juin 1956 sont remarquables ; et puis tempête en juillet dans la Manche ; un mois d'août plutôt pourri ; enfin gel en octobre 1956 à Marseille et températures semi-glaciales en novembre 1956 dans la France du Centre.

Les vignerons du nord et du centre de l'Hexagone ne vendangent que le 13 octobre 1956 au lieu du 29 septembre l'année suivante et l'on sait que, *précoce* ou *tardive*, la maturité des raisins, dorénavant considérés comme bons pour la vendange, est déterminée notamment par les températures respectivement *chaudes* ou *fraîches* qui courent de mars ou plutôt avril à septembre. Les chênes allemands eux aussi accusent le coup : croissance minimale de leur anneau annuel ou *tree-ring* en raison de la rigueur des températures de février 1956.

En Belgique, le tournant « gélif » du début février 1956 se révèle hyperbrutal : à Uccle, l'un des hauts lieux de la météorologie du royaume, le mercure perd 25 °C en quarante-huit heures entre fin janvier et début février. C'est pire que lors du terrible hiver de 1942, quand le froid s'étendant de la France à la Russie paralysait (heureusement) les mouvements de la Wehrmacht sur le front de l'Est.

Une fois exorcisées les froideurs belges, des pluies maximales prennent le relais ; 53 mm d'eau tombés à Chimay le 2 mars 1956 ; 81 mm à Gand le 19 juillet ; 54 mm à Fumes le 3 août. À la date du 20 août, çà et là, des grêlons s'abattent en masse sur la Belgique, qui subit aussi des vents de 160 km à l'heure. Fin octobre, la neige est déjà très épaisse dans les Ardennes.

Il s'agirait somme toute, si l'on vivait encore au temps de Louis XIV, d'une année d'épouvantable famine, par suite de la destruction des récoltes (qui interviendra aussi en 1956), combinant l'horreur de 1692-1693 (pluies surabondantes) et celle de 1709 (le grand hiver). Elles firent alors, l'une et l'autre ajoutées, près de 2 millions de morts. Mais en 1956, le système de ravitaillement franco-belge, par-delà l'immédiat après-guerre, est redevenu extrêmement robuste, palliant le déficit occasionnel des blés par des importations frumentaires tous azimuts. Le fait est, pourtant, que le coût de 1956 s'est révélé rude pour nos producteurs de céréales : 45 % des emblavures sont détruites par le gel, et leur production diminue proportionnellement.

La viticulture elle aussi est très atteinte : volume des vendanges amputé, mais surtout nombreux ceps de vigne assassinés par la « glaciation » des plants. Fait frappant, concernant cette fois la qualité, il est presque impossible, dans le *Guide Hachette des vins*, pour une dizaine de grands vignobles cotés, de trouver un bon millésime français daté de 1956 – à la presque seule exception des vignobles de Loire et du Rhône[1].

C'est en Suisse, avec le grand historien du climat Christian Pfister, qu'on trouve les données les plus

1. C'est aussi le cas de 1963 (après un grand hiver) et de 1968 (année climatiquement pourrie).

éclairantes : depuis février 1956, très froid à Berne et à Zurich comme ailleurs, jusqu'en novembre de la même année, le professeur helvétique ne trouve aucun mois (sauf septembre et peut-être un peu mai) qui mérite l'appellation de tiède ou de chaud. Rien que du froid, du frais ou des températures mensuelles tout juste moyennes. Quant au mois de février, il est, à Bâle, le plus glacial depuis 1755.

Et Christian Pfister d'incriminer avec raison l'anticyclone sibérien, le fameux Moscou-Paris, s'allongeant de la Finlande... à Londres et dirigeant un flux d'air arctique en direction de l'Europe centrale et de la France. Seule fait exception la portion méridionale et occidentale de l'Islande qui bénéficie, en cette époque, d'une ventilation de sud-ouest fort attiédie en l'occurrence.

Quid de l'Italie, de l'Espagne ? Nous disposons du passionnant témoignage de l'écrivain Gavino Ledda, qui nous livre, dans *Padre Padrone*, la plus forte description de « l'Oléicide », le grand massacre des oliviers : ceux de Languedoc et de Provence, tous tués par le gel en février 1956 ; ceux de Sardaigne, surtout, qu'avait passionnément plantés et aimés quelques années plus tôt le père de Gavino.

Le 2 février 1956, après la traite des brebis, le père et le fils constatent sur leurs propres terres le trépas universel de l'arbre à huile. « Tu peux les arracher tous, dit Ledda senior à son rejeton. Regarde cette couche noire entre ce bois vif et l'écorce. C'est sec. Dans quelques jours, tout aura noirci comme après un incendie. Fichus, ces amours d'arbrisseaux. » Cadavres d'oliviers, aussi, autour du golfe du Lion, témoins d'une catastrophe arboricole, à l'instar du grand hiver de 1709, qui fit disparaître également, pour quelques générations, notre oliveraie méridionale.

En Espagne, février 1956 engendre même des conséquences politiques de grande ampleur, bien élucidées par Bartolomé Bennassar. Ce terrible hiver a notamment réduit de façon considérable les productions d'agrumes ; or celles-ci comptaient pour un cinquième de l'« export » espagnol. Ainsi est creusée une brèche majeure et devant durer plusieurs années, dans la balance commerciale et dans le revenu agricole de la péninsule. De là des importations massives de produits alimentaires et une inflation liée à la raréfaction de l'offre du ravitaillement. D'où des grèves puis la formation, quelques mois plus tard, d'un nouveau gouvernement franquiste renonçant cette fois au vieil idéal d'autarcie économique qu'avait si longtemps cultivé la Phalange ; et se pourvoyant de technocrates « harvardiens »... d'*Opus Dei*, ouverts aux réalités inédites de l'économie européenne et libérale.

On voit qu'en certains endroits l'hiver 1956 pouvait aboutir à des résultats bien étranges. En Europe de l'Est, cette saison très froide est douloureusement ressentie, à maintes reprises, par les populations, réalité d'autant plus pénible que le niveau de vie des régimes de cette zone est déjà déprimé.

29. Les canicules du passé sont-elles différentes, notamment quant à leurs conséquences humaines, de celles du début du XXIe siècle ?

En dépit du PAG et en raison de la variabilité du climat, on a connu dans le passé des vagues d'étés chauds[1], voire caniculaires, notamment au XVIIe siècle. Mais du point de vue de l'effet sur l'homme, ces épisodes furent assez différents de ceux que nous « expérimentâmes » récemment (notamment en août 2003 et juillet 2006). Au XXe siècle, signalons les canicules de 1911, 1921 (moins importante), 1947, 1959, 1976 et 1995 ; quant à 2003, il s'agira de l'été dont la température moyenne est la plus considérable, dans l'histoire météo d'Europe occidentale depuis des siècles.

---

1. Sur tout cela, voir les travaux de Daniel Rousseau, climatologue à Météo-France (Toulouse).

La canicule jadis se traduisait par une baisse du niveau des rivières et des nappes phréatiques, et par la présence d'eaux très infectées. De là des « toxicoses » et, lors des siècles passés, de fortes offensives mortalitaires notamment infantiles. On dénombre, en ce genre, 450 000 morts supplémentaires en 1719, après les 200 000 morts additionnels (et pour les mêmes raisons) de 1704-1707, chiffres que l'on retrouvera encore, à peu près les mêmes, lors de l'été-automne 1747, lui aussi caniculaire, et en 1779, pour les mêmes facteurs environnementaux. On peut évoquer aussi l'été 1911, au cours duquel on affrontera une mortalité infantile par dysenterie, consécutive aux effets de la chaleur. L'énorme mortalité de 1719 (450 000 morts sur 21 millions de Français) est passée presque inaperçue de la part des médias de l'époque qui pourtant existaient. Celle de l'année 1779, caniculaire et dysentérique également, a frappé avec force le Val de Loire qui sera semblablement victimisé en 2003[1]. Val de Loire : golfe d'air chaud ?

Aujourd'hui, les enfants sont assez bien protégés des effets de la canicule ; mais lors de l'été très chaud de 2003, la déshydratation et d'autres effets annexes ont provoqué le décès de 15 000 personnes âgées en France et des dizaines de milliers dans toute l'Europe. C'était évidemment bien pire au

1. D'après F. Lebrun et J.-P. Goubert.

XVIIIe siècle (notamment pour la mortalité infantile), mais le chiffre de 2003 a néanmoins frappé, avec raison, nos contemporains. Juillet 2006 a provoqué aussi une mortalité supplémentaire mais infiniment moins considérable : les autorités, les services compétents, notamment dans les asiles pour les vieilles personnes, avaient été prévenus et des précautions avaient été mises en place. En revanche, lors des siècles passés (et disons même, antérieurement à 1912), la mortalité caniculaire estivale se rattachait à celle, plus généralement digestive et gastro-intestinale, de la belle saison, cependant que la mortalité d'hiver, également dangereuse, était de caractère broncho-pulmonaire et, éventuellement, cardio-vasculaire.

En termes de records, le mois de juillet 2006 est l'un des plus chauds de ceux qu'on a connus depuis qu'existent de bonnes observations thermométriques. Songeons aussi à l'automne chaud (2006), suivi d'un hiver doux en 2006-2007. En observant le graphique des températures saisonnières, pour la France entière, on remarque effectivement le net réchauffement des automnes depuis quelques décennies, depuis 1982 précisément. L'automne 2006 présente une anomalie positive très forte. Faisons retour pour quelques instants à l'hiver : dans son ouvrage intitulé *Le Climat au Moyen Âge*[1], Pierre

1. Pierre Alexandre, *Le Climat au Moyen Âge*, Paris, EHESS, 1987.

Alexandre nous propose implicitement quelques comparaisons, ainsi pourrait-on rapprocher nos hivers doux de l'époque actuelle, par exemple celui de 2006-2007, de la même saison en 1290, c'est-à-dire 1289-1290, en plein « petit optimum médiéval » : « apparition des fleurs et des feuilles des arbres avant la Noël 1289, fraises en Alsace cueillies en hiver ; grappes, feuilles et fleurs sur les vignes avant le 20 janvier 1290 ; les poules, les pies et les colombes commencent à couver avant le 13 janvier... ». Excès de fleurs et précocité du chant des oiseaux, cette année-là. Mais on ne saurait comparer pleinement ce réchauffement hivernal 1290 caractéristique du POM, et qui relève aussi de la variabilité climatique, au réchauffement actuel, lié en revanche pour ce qu'on en sait au CO_2, et qui présente peut-être des caractères à la fois originaux et irréversibles.

L'historien peut-il se faire chasseur de canicules, et d'hyper-canicules, comme les astronomes qui sont à l'affût de *Nova* et de *Supernova* ; en latin correct « *novae* » et « *supernovae* » ? Les bons terrains de fouilles à ce propos sont les décennies les plus chaudes, ou les moins fraîches. Prenons d'abord l'époque du petit âge glaciaire (1300-1860), bornons-nous à la phase 1659-1860, deux siècles exactement, que nous connaissons bien grâce à l'excellente série thermométrique anglaise dûment homogénéisée. La variabilité fait qu'il y a, même pendant le PAG, des décennies plus chaudes bien évidemment et volontiers fertiles en canicules.

Je pense ainsi, s'agissant de ces décennies relativement chaudes, aux « décades » 1661-1670, 1681-1690, 1701-1710, 1721-1740 (double décennie), 1771-1780, 1791-1810 (double décennie, de même), et 1821-1830. Il y a aussi, la chose va de soi, des canicules, parfois très vives, et même des hyper-canicules, pendant des décennies globalement plus fraîches, ainsi l'été 1846 (JJA : juin, juillet, août) extrêmement chaud, durant la décennie 1841-1850 laquelle, hormis cet épisode, ne brille pas spécialement par son caractère torride, loin de là.

S'agissant de l'époque postérieure au PAG (après 1860), les décennies plus chaudes, éventuellement fertiles en canicules, seraient 1861-1870, 1891-1900 (canicule de 1893) ; et puis pour les marches d'escalier ascendantes du réchauffement de la première moitié du XXe siècle, il s'agirait des décennies effectivement de plus en plus calorifiques que sont 1911-1920, peut-être 1921-1930 et en ultime position 1941-1950.

La décennie 1951-1960 elle-même, quoique un peu plus fraîche, peut être prise en compte également. Enfin après la décennie 1961-1970, nettement rafraîchie, viennent les quatre décennies du réchauffement décisif de la seconde moitié du XXe siècle, soit depuis 1971 et surtout depuis 1981 jusqu'à 2007 (la quatrième « décade » 2001-2010 étant évidemment incomplète à l'heure où j'écris ces lignes) ; ces décennies, surtout les trois dernières, sont fertiles en années brûlantes. On pense à 1976, 1983, 1995 et bien sûr 2003.

Une autre méthode consisterait à ne retenir que les hyper-canicules, celles où la température moyenne d'Angleterre centrale est égale ou supérieure à 17° (JJA). Elles ne sont pas si nombreuses, et la tendance en ce qui les concerne est intéressante. La liste en est vite établie, grâce à cette série d'outre-Manche où pas une année, pas un été ne manque à l'appel. Ce sont :

1781 : 17° (moyenne JJA)
1826 : 17,6° ;
1846 : 17,1° ;
1911 : 17,0° ;
1933 : 17,0° ;
1947 : 17,0° ;
1976 : 17,8° ;
1983 : 17,1° ;
1995 : 17,4° ;

Je n'ai pas pris connaissance de la température moyenne JJA d'Angleterre centrale, pour 2003 ; elle fut évidemment très supérieure aux chiffres précédents.

Une monographie de ces événements successifs n'est pas dénuée d'intérêt ; on note d'abord qu'au XVIIe siècle sur notre série britannique, il est vrai assez brève en ce qui concerne ce « siècle », allant seulement, quant à ses thermomètres, de 1659 à 1700, il n'y a *aucun été* (JJA) à 17° ou davantage. Au XVIIIe, un cas seulement : 1781, qui vient ainsi couronner la liste des quatre été chauds 1778, 79, 80, 81, célèbres pour la crise de surproduction viticole que ce quatuor a déclenchée en France, quatuor quadriannuel étudié de main de maître par Ernest Labrousse, dans un ouvrage qui a fait date.

Au XIXe siècle, de 1800 à 1899, on trouve seulement deux étés JJA/UK à 17°, soit 1826, 17,6° ; et 1846, 17,1°). L'an 1826 fut une année estivalement brûlante et heureuse avec des précipitations vraisemblablement suffisantes, et de belles récoltes ensoleillées. C'est le brillant début du règne de Charles X, en une période où fleurit une certaine abondance frumentaire et où les prix du panifiable sont bas. Les choses ne vont pas tarder à changer au cours des années suivantes (1827-1831) dans le sens du frais.

L'an 1846 est marqué par un échaudage sec, plutôt catastrophique, disetteux, productif de mécontentement populaire et même pré-révolutionnaires.

La seconde moitié du XIXe siècle dispose d'un certain nombre de canicules, mais aucune hyper-canicule (anglaise) qui atteindrait les 17°. En revanche, à partir de 1911, les hyper-canicules littéralement se multiplient. De 1911 à 2003, on en dénombre sept, en moins d'un siècle.

1911 (JJA/UK) : 17,0°, bonne récolte du froment ; vin de qualité, et mortalité assez forte en termes de victimes infantiles et de léthalité générale.

Vient ensuite 1933 (JJA/UK) : 17,0° ; hyper-canicule avec belles récoltes de blé, à la Breughel.

1947 : 17,0°, canicule plutôt catastrophique : elle survient après un hiver très rude qui a gelé quantités d'emblavures et de plantes cultivées. Ce désastre glacial est suivi par une hyper-canicule échaudeuse de froment car très sèche ; on a donc une fort mauvaise récolte de blé en France, la plus médiocre depuis 1816 (*sic*) et en revanche d'excellents vins, bien mûris au grand soleil de l'été.

1976 : 17,8°, record battu ! Illustre sécheresse : les vaches faute d'herbe finissent par brouter... de la terre ; même les récoltes de céréales sont atteintes, en France. Mortalité non plus infantile, la question semble réglée, mais mortalité *générale* momentanément accrue [1]... et vins 1976 excellents ; grand millésime vinique en France ; et aussi en Allemagne, sur les côteaux de la Moselle et du Rhin.

1983 : 17,1°; mortalité caniculaire... et grands vins de Bordeaux, excellentissimes.

---

1. Un flash de mortalité générale brièvement et légèrement accrue a été observé en 1976 en Belgique, Danemark, Finlande, Irlande, Norvège, Suède, Royaume-Uni et Portugal.

1995 : 17,4° ; année admirable pour *toutes* les régions françaises de grands vins, sauf les Bourgognes rouges.

2003 : l'année célèbre, estivalement et calorifiquement maximale ; décès de 15 000 personnes âgées en France ; production végétale, céréalière et autre quelque peu atteinte. Même la vigne finit par souffrir, et la qualité du vin est parfois excellente mais souvent inégale dans les grands vignobles français.

Ces notations tendent à montrer que la « dangerosité » de l'hyper-canicule finit par l'emporter en 2003, même si certains de ces épisodes très chauds se sont montrés antérieurement heureux en termes agricoles (ainsi en 1826, en 1911 et 1933).

C'est surtout la longue durée qui est impressionnante, pas d'hyper-canicule connue dans un XVIIe siècle, il est vrai raccourci (1659-1699) ; une seule grosse canicule de ce type au XVIIIe siècle (1781 : 17,0°), deux au XIXe (1826 et 1846, respectivement 17,6° et 17,1°) ; aucune hyper-canicule de 1847 à 1910 ; sept pendant le siècle qui va, disons, de 1910 à 2004 ; soit 1911, 17,0° ; 1933, 17,0° ; 1947, 17,0° ; 1976, 17,8° ; 1983, 17,1° ; 1995, 17,4°. Et en 2003, tous ces chiffres du XXe sont largement dépassés ; les hyper-canicules post-1910 sont donc à la fois beaucoup plus nombreuses que lors des siècles antérieurs, et même en progression thermique si l'on compare les performances du trinôme

1911-1933-1947 (où l'on s'en tient aux 17,0°), aux quatre grandes canicules de la seconde moitié du XXe siècle, soit 1976, 1983, 1995 et 2003, où la barre des 17°, indiciaire déjà d'une hyper-canicule « du bon vieux temps », est pour le coup largement surmontée.

L'histoire événementielle des hyper-canicules confirme ainsi les données rassemblées par Luterbacher relativement au réchauffement des étés pendant le XXe siècle. Mais ni le passé ni le présent ne sont gages d'avenir, quant à la véracité (ou non) des prévisionnistes.

30. Le réchauffement récent est-il favorable aux vignobles ?

Le réchauffement climatique en France et en Grande-Bretagne est net à partir de 1893 et surtout de 1911, malgré des sautes d'humeur plus ou moins fréquentes ; il n'a pas engendré *ipso facto* d'effets agricoles extrêmement visibles. Mais on remarque, succédant aux conditions météorologiques fâcheuses pour la vigne des années 1902 et 1903, une série d'années favorables. Ce sont notamment (bien après les dégâts causés par le phylloxéra au XIXe siècle) les années 1904, même 1905, et plus encore 1906, années au printemps-été, voire à l'automne, chauds, souvent secs, avec des hivers « moyens à doux ». Les dates de vendanges, précoces, confirment qu'il y eut alors trois millésimes fort ensoleillés : cueillette des raisins les 22 et 25 septembre en Bourgogne. À cela s'ajoute le phénomène du boisage : une année chaude boise et renforce le cep et souvent induit une grosse vendange l'année suivante également. Le quadriennat 1904-1907 a connu de la sorte une très forte production de vin, avec d'excellents rendements à l'hectare : autour de 23 et 21 hl *seulement* en 1902 et 1903, mais ils vont monter effectivement jusqu'à 40, 34, 31 et 40 hl, de 1904 à 1907. Le volume global des récoltes françaises est donc considérable à partir de 1904 : 57 millions d'hl en 1901 ; seulement 39 en 1902 et 35 en 1903 ; *mais* 60 en 1904, 57 en 1905, 52 en 1906, 66 en 1907. Surproduction vinique aussi, aux mêmes années en Autriche, Bulgarie, Grèce, Hongrie, Portugal, Italie, Espagne, Suisse, et même en Croatie. Dans les trois pays gros producteurs (France, Espagne, Italie), la production de vin s'accroît respectivement, dès 1904, de 96 %, 48 % et 16 %. Le phénomène s'amplifie au cours des deux millésimes suivants, 1905 et 1906, du fait de l'ensoleillement hyper actif et d'une pluviométrie adéquate, pas trop abondante. Les prix, notamment dans le Midi viticole, s'écroulent sous l'effet de la surproduction du « breuvage » ; c'est l'origine de grandes manifestations des vignerons « malcontents » du Midi en 1907.

Les viticulteurs considèrent comme responsables de la crise les vins plus ou moins artificiels produits par des falsificateurs sans scrupules, ainsi que les importations de vins algériens ; en fait, l'écroulement des prix viniques est dû essentiellement à la surproduction naturelle et conjoncturelle, non point à ces facteurs surajoutés. La révolte vigneronne prend forme. Météo-politique, cette fois. En février 1907, les vignerons d'une petite commune des Pyrénées-Orientales décident la grève fiscale. En avril, le mouvement se répand dans les villages viticoles du Narbonnais et les viticulteurs multiplient les meetings et manifestations... dans les villes. En juin, le mouvement prend une ampleur immense (plus de 500 000 manifestants à Montpellier) pour protester contre la chute des cours, prétendûment due à une surproduction presque purement artificielle qu'engendreraient la chaptalisation (sucrage) et les mouillages. Le 21 juin, à Narbonne, ont lieu des actes d'indiscipline dans le 17e régiment d'infanterie, peuplé de conscrits fils de viticulteurs, et qui fraternisent avec les « civils » en colère. Des leaders apparaissent, Marcelin Albert et le Dr Ferroul, maire socialiste de Narbonne. Le sous-secrétaire d'État à l'Intérieur démissionne ; Ferroul est arrêté, des manifestants sont tués ; la sous-préfecture de Narbonne est mise à mal. Les militaires mutins finissent par se soumettre, et seront envoyés en Tunisie. Le 23 juin, Marcelin Albert se rend à Paris ; il est reçu par Clemenceau ; le « Tigre » déconsidère le leader viticole en lui payant son billet de retour... Dès lors, les pouvoirs publics lutteront contre la fraude, la chaptalisation, le sucrage des vins qui permet d'augmenter le degré d'alcool : une loi de juin 1907 instaure le combat contre ces pratiques. La

Confédération générale des vignerons (CGV) fait son apparition. C'est aussi le début d'une prise de conscience régionale, occitanisante et souvent de gauche, qui restera vivante pendant tout le XXe siècle...

1904 à 1907 : un réchauffement momentané a donc stimulé la vigne, augmenté la production de vin, déprimé le prix de vente de cette boisson, et encoléré les producteurs.

Le réchauffement climatique est ainsi responsable d'une augmentation *quantitative* (trop de breuvage), mais se révèle aussi facteur d'une amélioration *qualitative*, en général ! Récemment en effet, la revue *Climatic Change* (déc. 2005) a indiqué, sous la signature prestigieuse de G. Jones, que le réchauffement mondial du climat s'est traduit (à cause également de la bonne technicité des vignerons) par une amélioration sensible de la qualité du vin dans presque tous les pays et régions viticoles renommés notamment à partir de 1978, en Australie, Chili, Californie, Bordelais, Bourgogne, Champagne.

Et de fait, historiquement, argument supplémentaire, les millésimes exceptionnels à grands vins et bouteilles excellentissimes, tels 1811, 1921, 1947, 1959, 1976, prouveraient s'il en était besoin que la vigne et son fruit apprécient la bonne et forte chaleur estivale de ces années caniculaires et précitées. Inversement les ans viniques médiocres, peu millésimés (1910, 1956, 1963, 1968), furent remarquables par leur forte dose de fraîcheur climatique et de pluie qui firent grand tort aux vignobles et aux raisins.

Cela dit, en fait de réchauffement, un seuil trop brûlant a-t-il été franchi en 2003 ? Année vraiment trop chaude, trop sèche, parfois défavorable aux bonnes qualités du « jus de la treille ». L'optimum a-t-il été violé cette fois par brûlure excessive du plant et des grappes ?

31. La date des vendanges est-elle un indicateur climatique ?

Les dates de vendanges sont ce que les scientifiques « anglo-saxons » appellent un *proxy* : un indicateur qui nous rapproche d'une meilleure connaissance des températures printanières/estivales. *Grosso modo* : forte chaleur = précocité. Mais fraîcheur = tardivité de la collecte des grappes. Quand on ne change pas de cépage, la corrélation entre les dates de vendanges et les températures d'avril à septembre peut atteindre 0,6 [1], voire 0,7, parfois davantage. Quand on change de cépage, la corrélation se trouve diminuée, mais elle existe encore. La date des vendanges est précieuse néanmoins à deux titres. D'abord, pour mieux connaître les cas extrêmes, hyper-chauds ou hyper-frais ; et ce, quel que soit le vignoble (France, Allemagne de l'Ouest, Suisse) : ainsi, l'année 1846 est indéniablement brûlante *et précoce* ; inversement 1816, où la

1. Corrélation établie par Valérie Daux.

vendange se révèle particulièrement tardive (seconde quinzaine d'octobre), correspond à une année sans été (Tambora !). Ensuite, le zigzag de la date de vendanges d'une année sur l'autre est un précieux indicateur climatique. Ainsi en 1788 et 1794, où l'on dispose de relevés thermométriques des températures, les vendanges sont effectivement précoces, indicatrices de mois de printemps et d'été chaleureux.

Quant aux années antérieures à 1659, où l'on ne dispose pas encore d'indications thermométriques, la date de vendanges, quand elle atteint des valeurs extrêmes, soit précoces, offre une présomption de forte chaleur au printemps et en été ou *vice versa* de fraîcheur, soit tardives, selon le cas. Cette date illustre par exemple, pour en revenir à l'époque des premières séries thermométriques, anglo-françaises, les fraîcheurs des années 1690, décennie la plus froide jusqu'à nos jours en Europe de l'Ouest. Par ailleurs, dès avant l'apparition du thermomètre, les années 1590 (tardives) coïncident avec la poussée maximale des glaciers alpins, née d'hivers neigeux et d'étés pourris. Pour des périodes plus longues, les dates de vendanges peuvent être utiles également ; ainsi, à Châteauneuf-du-Pape, les vendanges sont de plus en plus précoces de 1950 à 2000 ; et l'on a deux pentes quasiment parallèles : la courbe des vendanges qui deviennent de plus en plus précoces, et celle du réchauffement des étés en fonction du *global warming* [B. Seguin]. De même, s'agissant du grand rafraîchissement de 1560-1600, déclencheur de la poussée glaciaire des Alpes : les vendanges sont généralement tardives pendant cette quarantaine d'années.

Mais le facteur anthropique intervient également. Ainsi, de 1650 à 1740, les vendanges deviennent progressivement plus tardives, alors que le climat de la première moitié du XVIIIe siècle n'est pas plus froid ni plus frais, bien au contraire. En réalité il tend même à se réchauffer légèrement. Ce retard particulier des vendanges est dû aux vignerons qui, pour répondre aux exigences des consommateurs, en particulier celles de l'aristocratie ou de l'élite parisienne, cherchent à proposer un vin de meilleure qualité. D'autres veulent obtenir davantage d'alcool, pour la vente d'icelui, par maturation plus longue et donc par augmentation de la quantité de sucre dans les grappes ; la distillation viendra ensuite. D'où la nécessité de vendanges plus tardives. Il y a là un élément d'incertitude quant à la signification météo des dates vendémiologiques. Incertitude qu'on peut atténuer ou corriger soit par une réflexion d'ordre historique, soit par d'autres *proxies*, tels que la date de floraison des vignes – mais cette date n'est pas systématiquement consignée au XVIIe siècle ! En bref, la date des vendanges est un bon indicateur météo pour le court terme et le moyen terme, mais plus délicat à manier pour le long terme ; on ferait la même remarque pour les anneaux des arbres dont la prestation, en termes de connaissance météo, est parfois inférieure à celle, « phénologique », des dates de vendanges (V. Daux). La vendange est le seul « météo-*proxy* » en sciences humaines dont on dispose *depuis 1370* : nous avons donc six siècles de dates de vendanges sans lacunes. Le colloque viticole international de Dijon (février-mars 2007) a complètement confirmé la validité des dates de vendanges comme indicatives du plus ou moins de chaleur de la période mars à septembre, pour chaque année. On peut aussi étudier les dates de moisson, par exemple ; dans un style analogique, elles dépendent (E. Garnier) du plus ou moins de chaleur (de mars à juillet), mais pas seulement de celle-ci. Une belle série de moissons se trouve ainsi en Italie du Nord que doit étudier M. Luca Bonardi, l'éminent phénologiste de la Péninsule.

32. La situation météorologique très contrastée de l'été 2007, en Europe et dans le monde, était-elle inédite dans l'histoire ?

Il est difficile d'apporter une réponse définitive à cette question, en l'absence de séries de mesure absolument fiables (qui seraient comparatives) avant 1659, date des débuts de la série thermométrique anglaise ; et pourtant, on ne peut manquer d'être frappé par les contrastes nets entre les divers régimes météorologiques en Europe pour l'été 2007 : d'un côté l'Europe du Nord et de l'Ouest (Angleterre, surtout) est soumise à une série d'intempéries catastrophiques en juillet ; de l'autre, l'Europe centrale et du Sud (Hongrie, Roumanie, Balkans, Grèce) est touchée par une canicule meurtrière et par des incendies « homicides » eux aussi. La vague sans précédent de grands feux qu'a « expérimentés » la Grèce et notamment le Péloponnèse à la fin du mois d'août est en partie d'origine criminelle, mais les flammes furent certainement favorisées par la chaude sécheresse et attisées par les vents brûlants. Des deux côtés, les effets humains sont considérables : la Grande-Bretagne connaît en juillet ses pires inondations depuis soixante ans, et la pluviométrie la plus importante de son histoire ; mais on déplore aussi plus de trente morts... « caniculaires » en Roumanie au mois de juillet, encore lui, lors de la deuxième vague de chaleur après celle de juin ; plus de soixante morts en Grèce au mois d'août ; le centre de la Hongrie éprouve un accroissement mortalitaire de 30 % par rapport aux moyennes estivales usuelles. Les conséquences agricoles, négatives, sont importantes dans un cas comme dans l'autre : les paysans roumains sont obligés de vendre leurs bêtes faute d'herbe pour les nourrir et les oliveraies grecques sont décimées par le feu. D'un autre côté, en Europe occidentale tempérée, le blé, l'orge, le lin, mais aussi les pommes de terre et les tomates souvent pourrissent sur pied. Le froment, de ce fait, est attaqué par la rouille et la fusariose (Orléanais, Normandie). Les températures clémentes et les pluies incessantes provoquent des attaques de mildiou qui détruisent plus ou moins la récolte des pommes de terre « *in situ* » (Alsace, Est de la France). Des traitements phyto-sanitaires s'imposent. Dans les Alpes du Nord (Savoie, Dauphiné), les très fortes pluies de mai-juin-juillet 2007 ont compromis le fauchage, la fenaison et le séchage du foin, faisant tort à l'alimentation des vaches laitières. La récolte des grains, d'une façon générale, est médiocre en quantité comme en qualité. Cette baisse de production est aggravée par des sécheresses d'allure historique en Ukraine et en Australie. Les stocks grainetiers mondiaux sont au plus bas depuis 2004 et les prix augmentent, d'autant que les pays asiatiques (Chine, Inde), ayant modifié leurs habitudes alimentaires, deviennent consommateurs de blé. En revanche, du fait d'un hiver très doux et d'un printemps particulièrement ensoleillé, les vendanges en France sont parmi les plus précoces depuis le XIVe siècle. La production vinicole s'annonce faible, notamment en raison du mildiou apparu à la faveur des pluies estivales, mais certains indices ont permis d'augurer (à tort ?) un grand millésime. À certains égards, l'été 2007 dans le nord et l'ouest de l'Europe évoque d'autres étés fâcheux, du temps jadis : soit 1314-1315, ou le biennat 1692-1693 aux conséquences famineuses mémorables ; ou encore 1774, trop pluvieux, anticéréales et précurseur de la guerre des farines du printemps 1775. Il n'est certes plus question de famine aujourd'hui sous nos latitudes, d'autant que les moissonneuses-batteuses permettent de collecter les céréales avant que le blé ne se gâte. L'énorme machine risque simplement d'avaler quelques renards (d'après M. Thibault et M. Bocage), ce pendant que les Parisiens en vacances « râlent » bêtement contre les bruits nocturnes des moteurs qui interrompent leur sommeil réparateur. Puis les silos permettent de conserver à sec les grains une fois moissonnés… et séchés artificiellement. Mais ce que nous pourrions vivre, à l'instar de nos ancêtres, comme un simple dérèglement climatique, est peut-être aujourd'hui imputable, pour une part, à l'effet de serre.

Car à l'échelle mondiale, l'année 2007 aura été celle des problèmes climatiques et de certains désordres majeurs : hiver rude et enneigé en Amérique latine et en Afrique du Sud. Inondations en Uruguay (mai), en Afrique (crue du Nil maximale au Soudan, juin), en Asie (mousson cataclysmique en Inde, Pakistan et au Bangladesh), en Amérique du Nord (New York, Minnesota, Oklahoma, Texas, Ohio, Wisconsin : août) ; prolongation en Australie d'une grave sécheresse amorcée depuis 2006 – sans parler des cyclones ravageurs (spécialement, en juin, sur le Golfe persique ; puis « Dean », en août, pour la Martinique [désastre des bananes], la Guadeloupe, la Jamaïque et le Mexique). L'OMM (Organisation Météorologique Mondiale) fait état, quant à 2007, de températures très élevées et d'épisodes climatiques extrêmes depuis le début de l'année. Bien sûr, les divers sinistres mentionnés ci-dessus peuvent pour certains d'entre eux faire *partie de la normalité ou même de la routine d'un climat classique* ; mais leur accumulation donne à réfléchir… y compris parmi les spécialistes très qualifiés de l'Organisation Météorologique Mondiale.

33. Pour conclure, êtes-vous, en tant qu'historien du climat, sur les positions du GIEC, pessimistes et « hypercalorifiques », ou bien faites-vous partie du groupe des climato-sceptiques ?

Le présent ouvrage fait de nombreuses allusions au réchauffement du XXe siècle ainsi qu'au rôle des gaz à effets de serre. Nous devons être clairs, je partage les positions du GIEC, même si je ne suis pas un scientifique à part entière, mais simplement un historien désireux d'aider au titre de sa spécialité les climatologues professionnels qui sont, eux, des scientifiques authentiques.

J'ai donc sérieusement étudié les dossiers relatifs à ces problèmes, et cela depuis les années 1970, au cours desquelles les notions d'effet de serre et autres ont commencé à pénétrer largement dans les groupes de chercheurs ad hoc et bientôt dans le public cultivé.

De nos jours, les dernières enquêtes des grandes institutions (notamment anglo-saxonnes) spécialisées dans le domaine des constatations et donc éventuellement des prévisions météorologiques sont nettes et même catégoriques. L'année 2009, la dernière et la mieux connue en attendant de nouvelles données, se situe bien dans le cadre d'un réchauffement qui continue. Plus précisément, pour ce qui concerne l'Europe et plus particulièrement la France, la phase de réchauffement inaugurée depuis 1987 et a fortiori depuis 1997, n'est pas terminée, tant s'en faut. Les années 2008 (hiver et printemps) et 2009 (anomalie thermique annuelle positive avec un printemps chaud et un été très chaud compensant un hiver froid) en témoignent.

Au surplus, ce réchauffement qui persiste ne saurait s'expliquer par une action spécifique du soleil ; Pascal Yiou, dans un récent colloque (2010) tenu à la fondation Singer-Polignac, a rappelé opportunément que ce sont les basses couches de l'atmosphère terrestre qui se réchauffent actuellement. Si l'origine de ce phénomène était solaire, les hautes couches atmosphériques seraient bien évidemment affectées elles aussi par le chaud. Ce qui n'est pas le cas.

Le réchauffement actuel ne peut pas non plus s'expliquer par une tendance attiédissante purement naturelle, comme celle qu'a connue l'Europe lors du petit optimum médiéval (POM) du Xe au XIIIe siècle de notre ère. En effet, le POM était européen, certes ; mais dans les régions du Pacifique sud à la même époque la tendance climatique était inverse et s'orientait vers un net rafraîchissement paradoxalement synchrone du POM : c'est ce qu'a montré Michael Mann lors du colloque de la Cité des Sciences (novembre 2009). En revanche, le « réchauffement global » actuel n'est pas seulement macro-régional, comme ce fut le cas pour le POM, mais mondial, australien aussi bien qu'européen. La causalité de ce réchauffement mondial n'est donc pas essentiellement solaire ni macro-régionale, mais mondiale elle aussi, bref globale. En conséquence, l'explication de base est à rechercher dans le phénomène lui aussi global de l'accumulation d'ordre anthropique des gaz à effet de serre dans l'atmosphère de la planète en général. C'est, selon le vocabulaire de la philosophie anglaise du XIXe siècle, ce qu'on pourrait appeler *l'antécédent le moins substituable*.

Il ne s'agit pas, bien sûr, de s'engager dans une guerre de religion. D'abord, le groupe des climatosceptiques est lui-même extrêmement divers et hétérogène. La notion de réchauffement global y est maintenant généralement admise et c'est déjà quelque chose. Dorénavant, on discute plutôt sur les causes, anthropiques selon le GIEC et la grande majorité des climatologues ; non-humaines selon les

« sceptiques ». Dans ces conditions, la discussion entre les diverses tendances en présence, sans exception, demeure légitime, utile et féconde.

D'autre part, étant admis que le mouvement séculaire en direction du réchauffement global, à long terme, s'avère indéniable, il va de soi que peut toujours survenir un plafonnement momentané des températures dans le moyen terme, ou même une fluctuation thermique négative de quelques années, voire décennale ou davantage.

L'avenir jugera.

Le ciel et la terre, les dieux et les hommes

Dans le *Gorgias* de Platon, il est question de l'équilibre harmonieux qui doit s'établir autour de nous : « Le ciel, la terre, les dieux et les hommes forment ensemble une communauté ; [les uns et les autres] sont liés par l'amitié, l'amour, le respect de la tempérance et le sens de la justice. [Les sages] l'appellent *kosmos* ou ordre du monde et non pas désordre ou dérèglement [1] ». Équilibre rompu, de nos jours. Les *dieux*, voici quelque temps, ont pris semble-t-il la poudre d'escampette. Leurs prises de position sont remplacées tant bien que mal depuis une vingtaine d'années par les prévisions pessimistes du GIEC [2]. Les *hommes*, pour nombre d'entre eux, brillent par l'imprévoyance et la négligence en fait de

1. Platon, *Gorgias*, 507 d, traduction par Monique Canto, Garnier-Flammarion, 1987, p. 272. Référence à nous aimablement signalée par le professeur Jean-François Mattei.
2. GIEC : Groupe intergouvernemental sur l'évolution du climat.

préservation d'un certain équilibre en ce bas monde. Le *ciel* est troublé, chauffé, brouillé par les gaz à effet de serre que dispensent à tout vent les processus industriels et apparentés. La *terre* est quelque peu surexploitée par nos agriculteurs. Le quatuor platonicien Dieux/Terre/Ciel/Hommes paraît ainsi légèrement détraqué. Dans ces conditions, la tâche des historiens professionnels, inquiets pour l'avenir, ne serait-elle pas de prêter leur concours aux Scientifiques qui sont effectivement demandeurs d'histoire, notamment quantitative ? Ils ont besoin de notre profession pour leurs nécessaires enquêtes dans un passé climatologique proche ou lointain. Nous nous devons de répondre à une telle demande, impérieuse, interdisciplinaire. Et, puisque dans les pages qui précèdent, il fut assez longuement question des glaciers, disons que dorénavant la cliosphère devrait se soucier davantage de la cryosphère.

A.V. et E.L.R.L.

Annexe

Série thermométrique francilienne, annuelle et mensuelle, de 1676 à 2008 (Daniel Rousseau).

A	Déc A-1	Jan	Fév	Mar	Avr	Mai	Juin	Juil	Aou	Sep	Oct	Nov
					Moyenne des températures mensuelles de 1801 à 1900							
	3,4	2,4	4,2	6,5	10,1	13,9	17,0	18,8	18,5	15,7	11,0	6,6
					Moyenne mensuelles de la température							
1676	6,5	4	6,4	8,8	11,2	15	18,8	19,6	19,9	14,2	10	3,9
1677	**-1,9**	0,4	3,5	7,1	9,5	13,8	16,7	18,8	17,7	16	11,5	5,4
1678	3,3	2,7	5,1	6,6	10	14,1	17,3	20,3	18,7	18,2	10,4	5,1
1679	1,9	**-1,7**	**-0,8**	5	7,6	14,6	18,7	19,7	19,3	14,5	11,2	3,2
1680	2,6	5,6	5,3	8,5	11,1	15,7	16,4	19,4	17,5	19,1	13,1	7,3
1681	**-1,3**	-0,4	3,2	6,7	11,8	15,5	17,4	18,9	**20,8**	17,4	12,4	9,6
1682	8,8	6,5	3	6,5	9,4	15,7	17,6	18	17,4	14,9	12,5	6,4
1683	5,4	3,7	3,1	7,4	12,3	14,4	**19,1**	19,2	17,2	16,6	10,3	6,7
1684	2,2	**-3,6**	**-1**	4,8	10,9	18,4	**19,5**	**20,9**	19,2	14,7	12,6	4,3
1685	2,5	**-0,9**	3,5	5,2	12	16,7	16,3	17,5	18	14,4	13,2	7,4
1686	5	6	4,2	8,4	10,2	15,9	18,2	18,3	17,1	16,1	11,7	6,9
1687	5,1	0,3	4,8	6,9	7,9	13,5	16,2	19,3	18	12,7	12,3	7,2
1688	6	0,5	2,2	4,4	7,6	13,8	15,7	20,5	19,6	16	9,3	5,4
1689	4,2	**-0,9**	5,4	6,9	11	13,9	14	18,2	18	16,1	10,6	7,2
1690	3,4	6,6	5,3	6	10,8	12,9	16,5	18,1	16,9	14,4	10,6	8,7
1691	4	**-1,8**	2,9	9,7	11	13,9	16,6	19,3	**20,8**	14,9	12,8	3,5
1692	1,4	-0,4	**0,8**	5,5	10	12,7	16,6	17,9	18,4	14,3	8,4	6,1
1693	3,9	2,8	5,7	6,1	11	12,4	18	18,9	20,1	15	12,5	6,8
1694	4	**-1,8**	4,6	5,1	11,9	15,4	18,2	19,3	17,6	13,9	7,8	5,5
1695	1,1	**-2,6**	**-1,2**	5,8	8,9	13,8	16,6	18,6	17,2	13,9	9,7	6
1696	2,9	4	5,8	5,7	8,8	15,3	16,2	18	19,6	14	10,4	6,9
1697	**-0,1**	-0,3	**-0,6**	7	8,6	15,6	16,4	18,6	16,3	15,5	8,8	4,4
1698	2,5	0,7	3,3	7,2	9,9	10,3	15,5	18,5	15,6	13,6	10,4	4,8
1699	3,9	5,3	5,5	5,4	8,6	12,9	15,7	18,9	17,3	16,1	11	5,8
1700	4,2	4,9	4,2	5,6	9,0	13,9	15,0	17,1	16,5	14,8	9,6	6,6

A	Déc A-1	Jan	Fév	Mar	Avr	Mai	Juin	Juil	Aou	Sep	Oct	Nov
1701	4,6	5,2	5,0	5,8	7,0	13,1	16,7	20,4	19,1	16,3	11,2	7,3
1702	4,1	5,1	7,3	8,4	8,7	14,3	16,8	18,5	18,9	17,0	12,4	5,6
1703	5,6	2,7	5,7	7,1	12,0	15,4	16,0	17,7	19,2	14,3	9,6	6,6
1704	5,8	0,8	4,3	7,7	13,2	14,1	17,1	20,4	19,2	14,1	9,9	7,1
1705	4,1	2,3	4,6	7,5	10,2	13,7	16,1	19,6	**21,1**	14,8	11,1	5,7
1706	6,6	2,1	5,1	7,8	12,7	16,6	**19,1**	19,6	20,4	15,5	12,9	7,9
1707	5,9	3,9	7,6	6,9	10,1	13,8	**20,1**	20,2	18,8	16,5	9,2	6,9
1708	5,2	8,2	4,3	7,2	11,4	14,3	16,4	18,0	19,8	16,2	8,2	7,0
1709	4,1	**-3,7**	2,0	6,8	12,9	13,3	16,1	17,3	18,4	14,8	10,4	7,3
1710	5,0	2,1	4,0	8,6	10,0	14,4	17,6	17,6	17,3	14,9	11,1	9,2
1711	7,3	4,6	1,6	7,2	11,0	14,1	18,5	17,9	16,7	14,2	10,3	8,5
1712	6,0	2,2	5,4	5,7	10,7	13,7	17,2	17,7	17,4	14,8	11,4	7,7
1713	3,6	1,3	6,8	6,2	8,2	13,4	15,7	17,1	18,4	16,5	11,5	6,0
1714	3,7	3,0	6,0	7,0	10,6	12,7	16,7	**20,8**	18,1	15,0	12,1	7,3
1715	3,6	2,3	5,7	8,1	12,4	13,9	16,6	18,1	17,3	16,1	12,6	8,4
1716	**0,3**	**-3,6**	3,7	5,9	11,9	13,5	16,4	18,5	18,7	15,0	10,9	6,4
1717	2,5	3,1	3,0	5,8	10,1	13,0	17,0	18,1	18,5	15,9	11,1	6,4
1718	4,7	0,4	2,3	6,9	10,8	14,4	17,7	19,0	**21,3**	17,4	11,2	7,2
1719	4,4	2,1	4,7	6,1	9,0	15,2	18,9	**20,9**	20,2	15,5	10,7	7,5
1720	2,3	3,8	4,9	5,4	9,9	14,3	15,0	19,2	17,8	14,8	10,5	6,7
1721	4,9	4,0	2,5	3,9	11,6	12,4	17,0	19,0	19,4	16,7	10,8	7,9
1722	3,5	2,4	5,9	7,7	11,0	13,6	16,9	19,1	18,4	16,8	12,2	8,7
1723	4,2	0,9	4,9	8,8	11,4	14,6	17,6	17,9	18,9	16,2	13,1	9,1
1724	5,7	5,4	5,4	6,1	9,8	14,1	18,4	18,6	19,7	16,8	10,6	5,6
1725	3,0	3,4	3,1	6,0	10,4	12,6	13,9	16,8	15,8	14,7	10,6	7,8
1726	3,3	-0,4	3,4	5,2	11,0	16,3	18,5	19,3	17,9	16,9	11,7	6,4
1727	1,4	3,5	5,1	6,0	10,1	16,7	17,4	19,3	19,7	16,6	12,3	5,7
1728	2,9	4,0	3,2	8,8	10,7	15,2	**19,1**	19,8	19,1	15,3	10,8	7,9
1729	1,3	-0,4	2,9	4,1	9,3	13,0	18,1	19,7	19,1	18,5	12,1	8,3
1730	5,3	3,6	4,9	7,4	11,2	14,7	16,4	19,0	19,5	17,2	10,9	9,6

A	Déc A-1	Jan	Fév	Mar	Avr	Mai	Juin	Juil	Aou	Sep	Oct	Nov
1731	3,6	2,1	2,2	6,7	9,1	14,2	17,8	19,2	19,7	17,5	14,0	8,6
1732	4,8	1,8	6,0	7,7	11,5	14,1	16,8	19,0	19,3	16,9	12,2	7,3
1733	1,8	6,3	6,3	7,6	12,7	13,6	17,5	**21,5**	19,5	15,1	10,6	7,6
1734	7,0	3,7	6,7	9,3	12,0	13,8	16,9	19,5	19,3	16,2	10,4	5,6
1735	3,3	4,8	5,0	7,8	11,3	13,9	16,9	18,3	19,5	16,9	10,3	6,9
1736	5,4	5,0	3,6	7,0	11,2	13,8	17,7	19,6	20,4	16,9	11,6	8,4
1737	6,3	6,7	5,6	7,6	10,6	15,2	18,1	19,4	16,7	16,9	10,7	7,0
1738	4,0	3,0	5,1	7,2	11,7	14,2	17,0	19,0	18,5	15,0	11,7	5,3
1739	6,3	4,1	7,5	7,5	8,5	14,8	17,3	19,1	17,6	15,6	9,8	3,1
1740	3,9	**-3,2**	**-0,9**	4,6	8,1	10,1	14,7	17,7	17,5	16,5	7,1	4,5
1741	2,8	1,9	5,1	5,4	8,6	11,8	16,7	18,9	18,9	16,4	12,7	9,0
1742	3,5	0,8	5,5	5,2	8,1	12,1	17,1	18,7	17,7	14,1	10,4	5,9
1743	**-0,6**	3,1	6,0	6,5	7,3	14,6	18,1	17,9	19,4	16,3	9,2	9,6
1744	3,9	1,1	2,1	5,8	9,2	13,2	16,9	18,5	17,7	15,3	11,5	7,7
1745	3,7	2,8	2,3	5,7	9,8	14,1	15,8	18,5	17,6	16,4	11,3	6,4
1746	1,5	1,6	1,9	4,1	9,0	15,7	16,6	19,1	17,9	16,0	9,0	3,7
1747	5,0	2,2	6,7	3,8	10,2	14,1	18,0	19,0	19,7	16,8	10,8	8,4
1748	5,4	2,0	1,5	2,1	8,1	13,5	18,4	19,0	19,2	16,4	11,3	8,6
1749	7,1	5,4	4,3	5,8	9,5	15,3	14,4	19,6	19,0	16,2	11,2	6,8
1750	5,2	2,6	7,4	9,9	10,2	14,0	17,0	20,4	18,2	17,4	10,1	4,8
1751	3,5	3,6	1,5	7,9	9,5	12,4	17,3	18,3	18,0	14,9	10,4	5,2
1752	3,5	3,8	3,6	7,2	9,4	12,9	18,0	18,6	18,8	16,6	11,7	7,7
1753	4,8	0,8	4,1	7,9	10,2	14,2	18,1	18,6	18,0	16,2	11,8	5,6
1754	4,3	3,0	3,0	4,1	8,8	14,8	16,4	17,6	18,7	16,0	12,0	6,8
1755	3,3	0,6	**0,8**	5,1	12,3	12,3	**19,1**	18,5	17,4	15,3	10,7	6,3
1756	4,5	5,4	5,6	7,1	8,2	12,1	17,6	19,8	18,1	16,7	10,9	5,2
1757	**0,2**	0,3	3,5	5,5	10,2	13	17,2	**22,6**	17,8	14,7	7,2	8,5
1758	2,9	1,6	3,7	7,4	9	17	18,5	15,9	19	13,9	8,8	5,1
1759	2,9	4,5	5,8	6,8	10,7	13,8	17,6	**21,9**	18,6	16,2	11,6	3,2
1760	1,2	0,2	3,4	6,1	11,3	14,5	18,2	19,6	17,9	17,2	10,8	7

A	Déc A-1	Jan	Fév	Mar	Avr	Mai	Juin	Juil	Aou	Sep	Oct	Nov
1761	6,2	1,8	6,1	8,2	9,8	14,7	17,7	19,4	20,1	16,8	9,4	5,1
1762	2,4	4,9	3,8	3,5	12,8	15,8	18,1	**21,3**	17,8	15,3	8,8	5,3
1763	**-0,9**	**-2,4**	7,5	5,9	9,6	11,5	17,1	18	19,9	14,1	9,3	6,2
1764	5,9	6,7	5,7	4,5	9	11,4	17,6	19,3	16,8	13,6	8,6	5,6
1765	3,2	6,3	**0,6**	7,9	10,3	13,4	17,6	18,5	**20,6**	17,1	12	5,9
1766	1,2	**-1,6**	2,5	7,7	11,3	15,1	17	18,8	18,9	16,4	12,5	7,3
1767	1,9	**-1,1**	9,3	7,2	8,6	12	15,3	17,9	18,7	15,5	12,2	8,5
1768	**0,1**	2	7,3	5,3	11,3	14,7	16,2	18,9	18,3	14,9	11,7	7,2
1769	4	3,9	4,4	5,8	10,9	14,3	15,5	18,5	17,5	15,5	7,8	6,7
1770	5,1	3,5	3,2	4,3	7,4	13,9	15,8	17	19	17,6	10,3	7,4
1771	6,1	1,6	3,4	4	6,8	16	15,9	18,6	17,4	15,1	11,1	5,3
1772	6,3	1,2	5,9	7,1	8,8	11,7	**19,1**	18,1	18,4	16,5	13,4	7,8
1773	4,1	5,2	3,4	6,8	9,3	13,2	16,6	17,4	19,1	16,2	12,3	6,8
1774	5	3,5	5,1	9,2	10,6	13,1	17,8	18,3	18,8	15	11,1	4,6
1775	4	5,3	7,6	7,4	10,7	12,9	**19,6**	19,5	19,1	17,9	11,1	5,2
1776	3,8	**-1,9**	6,5	8,7	10,5	11	16,5	19,5	19,9	15,4	13,3	8
1777	3,4	0,7	2,2	8,2	8,3	12,6	15,6	17,8	19,7	16,5	11,5	7,1
1778	0,6	1,7	1,8	5,8	9,8	14,6	17,1	20,2	20,1	14,2	9,9	8,3
1779	6	**-1**	7,2	8,8	10,7	15,6	15,9	19,8	**21**	17,9	14	7,2
1780	6,1	-0,4	1,6	9,3	8	15,5	18,2	19,6	**22,7**	17,3	12,3	5,9
1781	**0,4**	2,6	5,6	8,7	13	17	18,6	20,2	**20,5**	16,7	10,8	6,4
1782	5,8	4,8	**0,3**	5,7	7,9	10,8	18,2	18,4	15,8	15,2	8,5	2,3
1783	2,3	5,5	5,5	4,7	11,6	13,4	16,6	**21,4**	18,3	15	11	6,8
1784	**-0,7**	**-1,4**	**0,4**	4,2	7,1	16,4	16,8	17,7	16,2	17,1	7,4	6,5
1785	**-0,1**	3,8	**0,2**	1,2	8,4	13,9	17,1	17,7	16	16,3	10,4	5,3
1786	2,3	4,4	3,2	2,6	10,5	13,6	18,3	16,5	17,2	13,8	8,2	3,2
1787	3,3	1,3	5,5	8,1	9,1	12,1	18,4	19,1	19,8	16,8	12,9	6
1788	5,7	4,1	5,7	6,6	11,6	16,1	17,7	18,8	18,1	16,4	10,4	2,8
1789	**-6,8**	1,5	5,6	1,8	9,1	16,2	15,3	17,8	19,2	14,7	9,9	4,7
1790	4,8	3,5	5,9	8	8,5	14,3	17,7	17	18,2	13,9	12,2	6,4

A	Déc A-1	Jan	Fév	Mar	Avr	Mai	Juin	Juil	Aou	Sep	Oct	Nov
1791	4,9	5,5	4,1	6,1	12,7	12,3	17,0	18,0	19,7	15,6	9,9	4,9
1792	3,4	4,0	3,0	7,4	12,3	13,0	15,9	18,7	18,4	12,9	10,7	4,6
1793	3,6	0,6	4,7	5,7	7,5	11,2	14,5	20,0	17,9	13,0	11,2	6,0
1794	3,8	0,6	6,8	8,7	12,5	12,9	18,0	**22,6**	16,4	14,0	10,2	7,4
1795	0,7	**-6,3**	3,2	5,4	10,8	13,2	15,9	15,5	18,4	18,5	14,4	5,8
1796	7,4	7,8	4,0	4,4	10,8	13,1	15,5	17,4	18,3	17,4	10,1	5,5
1797	1,1	3,7	3,8	5,8	10,8	14,7	13,8	20,0	18,8	15,1	10,3	7,4
1798	6,4	3,7	4,8	6,0	11,6	14,2	18,5	18,7	19,4	16,0	12,3	6,4
1799	0,1	**-2,1**	5,0	4,6	7,0	11,9	15,2	18,1	18,3	15,6	10,5	6,5
1800	**-1,4**	5,0	3,3	4,3	12,7	15,4	14,5	18,5	20,1	16,5	10,6	7,0
1801	4,8	4,7	3,8	9,0	10,3	13,3	16,1	17,5	18,5	16,9	12,1	6,5
1802	4,3	**-1,4**	4,4	6,3	10,5	14,1	16,7	16,5	**21,9**	16,9	12,2	6,4
1803	4,4	0,9	0,7	6,2	11,3	11,6	16,3	20,3	19,6	14,0	10,6	7,2
1804	5,9	6,6	2,3	6,3	9,5	16,4	18,7	18,4	18,5	18,2	11,7	7,3
1805	1,2	1,7	4,4	6,7	9,0	12,3	15,1	17,4	18,0	16,5	9,6	3,6
1806	2,5	6,0	6,0	7,0	8,0	17,1	18,0	19,3	18,0	16,2	10,9	8,9
1807	8,6	2,3	5,9	3,7	9,2	16,2	16,6	**21,8**	**21,4**	12,9	12,8	5,8
1808	1,5	2,5	2,6	3,9	8,0	17,5	16,3	**21,6**	19,3	14,6	9,0	7,5
1809	1,3	5,0	7,9	7,2	6,5	15,2	15,4	17,3	17,9	15,0	9,7	5,0
1810	5,3	**-1,5**	2,9	8,1	9,4	13,7	17,0	17,7	17,6	17,6	11,5	7,8
1811	5,3	-0,3	6,9	9,0	11,9	17,1	17,4	19,2	17,7	16,8	14,6	8,6
1812	4,5	1,5	6,2	5,7	7,4	15,6	16,1	17,7	18,0	15,4	11,9	4,4
1813	**-1,0**	0,3	6,0	6,4	10,6	15,2	15,6	17,1	16,8	13,9	11,6	6,1
1814	3,1	-0,2	**0,1**	3,8	11,5	12,3	15,6	19,3	17,4	15,3	9,7	6,1
1815	6,2	**-0,6**	7,3	9,6	10,3	14,8	16,0	17,6	17,9	15,5	12,2	3,4
1816	1,8	2,6	2,0	5,6	9,9	12,7	14,8	15,6	15,5	14,1	11,6	4,1
1817	3,7	5,0	6,9	6,3	7,3	12,4	17,8	17,1	16,4	16,9	7,3	9,6
1818	2,6	4,3	3,9	6,5	11,4	13,7	**19,2**	20,1	18,2	15,7	11,7	9,1
1819	2,1	4,9	5,5	6,9	11,6	14,6	16,0	19,1	19,2	16,4	11,1	4,8
1820	3,3	**-0,7**	2,9	4,0	11,6	14,1	15,6	18,3	18,7	14,2	10,1	5,1

A	Déc A-1	Jan	Fév	Mar	Avr	Mai	Juin	Juil	Aou	Sep	Oct	Nov
1821	3,3	3,0	**1,0**	7,3	11,6	12,1	14,5	17,0	20,1	16,7	11,1	10,2
1822	7,5	4,4	6,1	9,9	11,1	16,7	**21,2**	18,9	18,9	15,9	13,2	9,0
1823	**-0,5**	-0,3	5,3	6,5	9,2	15,2	15,0	17,1	19,1	15,7	10,6	5,7
1824	5,6	2,7	5,1	5,8	9,0	12,6	16,5	18,7	18,4	16,5	11,9	9,6
1825	7,1	3,5	4,3	5,6	11,9	14,2	17,0	20,3	19,4	17,9	12,2	7,3
1826	6,4	**-1,7**	6,4	7,4	10,2	12,6	18,8	20,7	**21,2**	17,1	13,4	5,4
1827	5,8	-0,2	**-0,9**	8,0	11,4	14,6	17,0	19,8	18,2	16,2	13,1	5,8
1828	6,9	5,9	5,2	7,0	10,8	15,1	17,5	19,1	17,6	16,6	10,8	7,4
1829	4,5	**-2,1**	2,7	5,7	9,8	14,9	17,2	18,6	17,0	13,7	10,0	4,7
1830	**-3,5**	**-2,5**	**1,2**	8,9	12,0	14,6	16,1	18,9	17,0	13,8	10,6	7,9
1831	2,6	1,9	6,0	9,1	11,5	14,2	16,9	19,7	18,7	15,4	14,7	6,6
1832	5,5	1,5	3,4	5,6	10,7	13,2	17,3	19,5	**20,8**	15,5	11,3	6,7
1833	4,3	-0,3	7,1	4,2	9,6	17,7	18,4	18,3	16,5	13,7	12,3	6,0
1834	7,9	7,1	3,8	7,5	8,7	16,2	18,7	20,4	19,5	17,6	11,9	7,1
1835	4,0	3,6	6,3	6,5	9,4	13,8	17,3	**21,1**	19,3	16,1	10,1	5,4
1836	**0,1**	2,6	2,9	8,8	8,6	12,4	18,4	19,4	18,9	14,1	11,2	7,6
1837	4,1	2,4	5,4	2,6	5,7	11,0	18,5	18,3	20,1	14,6	11,3	6,0
1838	4,4	**-4,6**	2,1	7,0	6,7	14,2	16,2	18,3	18,0	15,5	11,2	7,7
1839	1,8	2,8	5,1	5,9	7,7	13,6	**19,1**	18,6	17,4	15,7	10,6	8,2
1840	5,7	3,4	3,6	3,4	12,7	15,1	18,3	17,3	19,8	14,8	9,5	8,0
1841	**-2,7**	2,1	2,1	8,7	10,0	16,9	15,0	16,1	17,4	18,1	11,0	6,4
1842	5,1	**-1,8**	4,2	7,9	9,8	14,2	**19,9**	18,8	**22,0**	15,1	8,1	5,0
1843	3,7	4,1	3,3	7,6	10,1	13,6	15,4	17,6	18,9	17,4	11,0	7,0
1844	4,0	2,5	2,2	6,5	12,3	12,4	17,2	16,8	15,1	15,6	10,4	6,7
1845	**-1,0**	2,0	**0,2**	1,1	10,8	10,6	17,3	16,6	15,5	14,8	10,1	7,8
1846	5,2	4,8	6,2	7,3	9,7	13,5	**20,5**	20,3	19,6	17,3	11,4	5,7
1847	**-0,8**	2,1	2,7	5,3	7,8	15,3	15,3	20,1	18,4	13,8	11,9	8,0
1848	3,6	**-1,4**	6,5	7,4	11,1	15,8	17,5	19,0	17,8	14,8	11,3	6,2
1849	5,4	4,9	6,1	5,8	8,3	15,1	17,9	17,8	17,9	15,7	11,7	5,9
1850	3,6	-0,4	7,1	4,4	11,0	12,7	17,9	18,6	17,2	13,8	8,5	8,4

A	Déc A-1	Jan	Fév	Mar	Avr	Mai	Juin	Juil	Aou	Sep	Oct	Nov
1851	3,4	4,5	3,9	7,0	10,1	11,3	17,0	17,3	18,8	13,5	11,2	3,5
1852	2,4	5,0	4,3	5,7	9,0	14,3	16,1	**22,0**	18,4	15,0	9,9	10,5
1853	7,7	6,0	**1,0**	3,6	8,9	13,0	16,3	17,9	18,0	14,8	12,2	5,3
1854	**-1,1**	3,9	3,8	7,9	12,1	12,6	15,0	19,0	17,6	16,3	12,3	5,3
1855	5,3	0,2	**0,1**	5,4	9,4	11,7	15,9	18,4	18,9	15,7	11,8	4,1
1856	1,6	5,1	5,7	5,8	10,6	11,7	17,3	18,2	20,4	13,9	11,7	4,8
1857	4,4	2,6	3,5	6,4	9,5	14,8	18,0	20,1	19,8	17,0	12,4	8,0
1858	4,7	0,3	2,3	6,1	11,2	12,1	**20,5**	17,1	17,8	17,2	10,8	3,1
1859	4,3	3,5	5,5	8,4	10,8	14,4	18,2	**22,6**	20,4	15,5	12,5	5,8
1860	1,4	4,9	1,4	5,0	7,9	14,5	15,8	16,1	16,9	14,1	10,8	5,0
1861	2,9	**-1,3**	5,2	7,9	9,6	13,2	18,8	18,2	19,9	15,8	13,0	6,2
1862	3,9	3,1	5,4	9,5	12,0	15,5	16,0	18,4	17,3	16,2	12,6	5,3
1863	6,0	5,1	4,8	7,0	11,2	13,8	16,8	18,3	19,7	13,6	11,8	7,1
1864	5,6	1,0	2,4	8,0	10,9	14,3	15,8	19,0	17,0	15,4	10,4	5,0
1865	**0,4**	3,1	2,3	2,7	15,1	16,1	17,4	19,8	17,9	19,4	12,4	7,7
1866	2,2	5,5	6,4	5,9	11,6	11,7	18,5	18,6	16,5	15,2	11,2	7,5
1867	5,4	2,1	7,8	5,5	10,9	14,4	15,9	17,4	18,8	15,6	9,8	5,3
1868	1,6	1,0	5,5	7,0	10,5	17,9	18,5	**21,2**	18,7	17,7	10,6	4,9
1869	8,7	3,3	7,9	3,6	12,6	13,7	14,5	20,2	17,5	16,5	10,1	7,4
1870	3,0	3,6	**1,1**	5,0	11,2	14,6	18,2	**21,1**	17,5	14,5	11,2	6,1
1871	**-0,7**	0,9	6,0	8,0	11,2	13,0	14,8	18,9	20,1	16,7	9,5	3,1
1872	**0,1**	4,2	7,3	8,5	10,4	12,0	17,0	20,3	17,9	16,3	10,3	8,5
1873	6,5	4,9	2,2	8,3	8,8	11,8	16,7	19,7	19,1	14,3	10,7	6,8
1874	3,1	4,5	4,1	7,0	11,7	11,6	17,5	**21,4**	17,8	16,7	11,4	5,7
1875	0,4	5,0	1,5	5,5	10,2	15,6	17,4	17,6	19,5	17,6	9,8	6,2
1876	2,2	0,1	4,4	6,9	10,5	11,7	16,9	20,4	20,0	15,0	12,8	6,8
1877	6,9	6,2	6,8	5,7	10,0	11,4	**19,6**	18,2	18,6	12,8	10,0	8,2
1878	3,8	2,8	5,3	6,7	11,5	14,5	17,5	18,9	18,7	15,2	11,7	5,0
1879	0,9	0,1	4,7	7,1	8,4	10,6	16,3	16,2	18,7	15,6	10,3	3,7
1880	**-6,5**	**-0,6**	5,4	10,2	10,0	13,8	16,0	19,0	19,4	16,7	10,0	5,5

A	Déc A-1	Jan	Fév	Mar	Avr	Mai	Juin	Juil	Aou	Sep	Oct	Nov
1881	7,3	**-1,2**	4,9	8,2	9,5	13,4	16,2	20,6	17,2	14,5	7,7	8,6
1882	2,6	2,3	4,4	9,3	10,8	13,8	15,7	17,8	17,2	14,4	11,7	8,3
1883	4,9	4,7	6,1	3,8	10,0	14,4	16,9	17,4	18,5	15,7	10,3	7,2
1884	4,6	5,9	6,0	8,0	8,6	14,8	15,0	19,8	20,4	16,7	9,7	5,0
1885	4,7	0,3	7,4	6,1	10,6	11,5	18,1	19,1	17,1	14,8	8,9	6,8
1886	2,7	2,5	1,9	6,2	10,8	14,4	15,5	18,6	18,6	17,6	12,4	7,7
1887	3,4	0,4	3,2	4,6	8,7	12,0	17,7	19,9	17,9	13,6	7,1	5,4
1888	2,9	1,5	**0,4**	4,5	7,8	13,6	16,3	16,2	17,3	16,0	8,5	8,8
1889	3,6	1,6	2,7	5,0	9,1	15,0	18,5	18,2	17,3	14,8	10,1	6,6
1890	1,0	6,4	2,7	7,5	8,8	14,2	15,4	16,5	17,0	15,4	9,4	6,8
1891	**-2,8**	0,2	3,7	6,6	8,6	12,7	16,5	17,4	16,8	16,2	11,8	5,4
1892	5,5	2,9	5,0	4,8	11,0	15,3	17,2	18,4	19,6	15,9	9,3	9,0
1893	1,4	-0,4	6,5	10,0	14,3	14,9	18,1	19,2	19,7	15,6	11,5	5,1
1894	2,9	2,9	5,6	8,6	12,8	12,4	16,8	18,8	17,7	14,6	10,7	7,6
1895	4,3	0,5	**-3,6**	5,8	11,1	15,0	17,3	18,7	18,8	20,4	9,6	9,2
1896	5,3	3,2	3,6	9,3	9,8	13,8	18,2	19,7	17,0	15,4	8,8	3,6
1897	3,7	2,5	7,6	9,2	9,8	12,7	18,8	19,4	18,8	14,8	10,7	6,4
1898	3,6	4,4	4,9	4,9	10,8	12,5	15,4	17,5	**21,0**	17,6	12,7	7,6
1899	5,1	6,0	6,2	6,5	9,7	12,8	17,6	19,9	**21,5**	16,4	10,7	8,1
1900	0,7	5,2	5,3	4,6	10,2	13,1	17,9	**22,1**	18,5	16,6	11,3	7,8
1901	6,2	2,9	**0,1**	4,9	10,8	14,9	17,7	20,4	19,1	15,9	10,4	4,7
1902	3,9	4,7	2,7	8,7	11,0	11,0	15,9	18,7	17,6	15,2	9,8	6,1
1903	2,7	3,9	6,3	8,4	7,5	14,2	15,4	18,2	17,5	16,4	12,2	7,1
1904	1,7	2,1	4,5	5,9	11,0	14,7	16,7	**21,7**	19,0	13,9	11,2	5,0
1905	5,1	2,2	4,9	8,5	9,5	13,0	17,7	20,6	18,1	15,0	7,4	5,2
1906	3,5	5,2	3,6	6,3	9,6	14,0	16,2	19,3	19,5	16,1	13,3	8,2
1907	1,7	3,3	2,2	7,9	9,4	14,0	15,5	17,0	18,6	17,0	11,5	7,7
1908	4,9	0,6	5,2	5,1	8,5	15,6	18,5	19,0	17,4	15,4	12,1	5,8
1909	2,3	2,2	2,3	5,1	12,1	14,2	15,1	16,4	18,9	14,7	12,1	4,6
1910	4,4	4,3	5,4	7,1	9,1	13,2	17,0	17,0	17,9	15,2	12,2	5,6

A	Déc A-1	Jan	Fév	Mar	Avr	Mai	Juin	Juil	Aou	Sep	Oct	Nov
1911	6,5	1,5	4,9	7,3	9,1	15,5	16,9	21,7	22,9	18,3	11,1	6,4
1912	6,4	4,7	6,9	9,3	10,7	15,4	16,8	19,3	15,5	12,3	9,8	5,9
1913	5,5	5,8	4,8	8,6	10,1	14,2	16,2	16,8	18,1	16,1	12,2	9,4
1914	3,4	0,1	6,2	8,1	12,5	13,3	15,9	18,0	19,2	15,6	9,8	5,7
1915	5,8	4,0	4,5	6,0	9,5	15,4	18,4	17,5	18,4	15,4	8,9	4,0
1916	7,6	7,0	4,3	6,1	10,3	15,0	14,1	17,6	19,1	15,2	10,8	6,6
1917	3,6	0,5	**-0,1**	4,5	6,7	16,9	**19,1**	18,5	17,3	16,7	8,7	8,2
1918	**0,3**	3,0	5,4	7,2	8,6	15,6	15,8	18,8	19,1	15,6	9,4	6,1
1919	7,3	2,9	2,7	6,5	7,9	15,8	17,2	15,5	19,8	16,5	7,8	4,2
1920	5,8	5,1	6,7	9,1	10,6	14,8	16,7	17,6	16,4	15,6	11,3	4,6
1921	3,4	6,9	4,6	8,1	10,3	14,5	17,4	**21,8**	18,7	17,2	14,6	3,2
1922	4,6	4,3	4,8	6,9	8,1	15,9	17,2	16,7	17,2	14,1	7,8	5,4
1923	4,7	4,9	6,6	8,6	9,9	12,6	14,0	20,5	18,9	15,9	11,6	4,5
1924	3,7	4,2	2,4	6,9	9,6	15,3	16,4	17,9	16,3	15,1	11,4	7,2
1925	3,6	5,0	5,7	4,7	9,8	14,0	17,2	18,7	17,7	13,3	11,3	4,4
1926	3,6	4,0	8,4	7,3	10,7	12,5	14,7	19,0	18,9	17,5	10,2	7,8
1927	2,4	4,6	4,5	8,4	10,3	14,7	15,2	18,2	18,0	15,0	10,8	5,7
1928	1,4	5,3	6,8	7,7	10,3	12,8	16,5	20,4	19,0	15,9	10,8	8,5
1929	4,2	0,0	**-1,4**	7,8	7,9	14,3	16,3	20,0	19,1	19,5	10,9	7,0
1930	6,5	6,4	3,2	7,6	10,8	13,0	18,6	17,6	18,7	15,8	11,7	8,4
1931	4,2	4,2	3,8	6,1	9,2	14,4	18,2	17,8	17,3	12,9	9,8	8,1
1932	3,7	5,1	1,9	6,1	8,6	12,7	16,9	18,2	**21,9**	17,1	10,3	7,1
1933	5,1	1,9	4,4	9,0	11,1	14,5	16,6	20,3	**20,9**	17,3	11,5	5,3
1934	**-1,6**	3,7	3,0	6,4	11,7	14,6	18,0	**21,0**	18,1	17,9	11,9	6,3
1935	7,9	3,4	5,4	6,7	10,0	12,6	18,0	20,3	18,9	16,2	10,3	7,4
1936	3,8	6,3	4,2	8,5	8,2	14,8	17,5	17,4	18,9	16,5	9,4	6,8
1937	3,5	5,6	7,0	5,7	10,6	15,5	17,0	18,7	19,9	15,8	11,3	5,9
1938	2,8	5,4	4,4	10,1	8,0	12,2	17,8	17,9	19,1	16,2	10,5	9,7
1939	2,2	5,6	5,1	6,0	11,0	12,6	17,6	17,4	18,6	15,6	9,1	9,2
1940	2,5	**-2,3**	4,2	7,4	10,2	14,9	18,4	17,4	17,6	15,7	9,7	7,7

A	Déc A-1	Jan	Fév	Mar	Avr	Mai	Juin	Juil	Aou	Sep	Oct	Nov
1941	1,2	-0,2	4,0	7,9	8,4	10,8	17,8	20,0	16,7	16,3	10,7	6,3
1942	4,3	**-1,2**	**-2,1**	8,3	11,9	13,8	16,8	18,1	19,4	16,4	12,1	5,5
1943	4,7	5,4	5,2	8,8	12,6	15,0	16,4	20,2	18,8	15,3	11,4	5,6
1944	2,5	5,3	1,7	5,2	11,8	14,0	15,5	18,8	**21,4**	14,8	9,4	7,2
1945	3,4	**-1,9**	7,8	8,9	12,6	16,0	18,2	20,2	18,8	16,8	12,2	6,1
1946	4,6	0,6	6,4	6,7	11,8	13,8	15,5	19,4	17,4	16,6	10,2	7,3
1947	1,1	0,6	**-0,1**	7,3	12,1	16,1	18,5	**21,5**	**22,3**	18,6	11,6	8,1
1948	4,9	6,4	4,0	10,3	10,8	14,8	16,0	17,7	17,7	15,4	10,3	6,5
1949	4,2	5,2	5,6	6,1	12,7	12,5	16,3	**20,9**	19,5	19,2	12,6	6,3
1950	4,7	2,6	7,2	8,3	9,0	14,8	**19,2**	19,9	18,5	14,5	10,3	7,6
1951	0,5	5,4	4,7	6,2	9,2	12,3	15,9	18,7	17,2	16,6	10,0	9,2
1952	4,3	3,3	3,0	8,2	12,3	15,6	17,6	20,2	19,0	12,5	9,9	4,9
1953	3,2	0,7	3,6	8,8	10,6	15,5	15,8	18,0	19,4	16,5	11,8	6,1
1954	7,0	1,5	1,8	8,3	8,9	13,5	16,0	16,5	17,4	15,2	12,5	7,9
1955	6,4	3,9	3,5	4,4	10,8	12,4	16,4	19,5	19,4	15,8	9,5	7,0
1956	6,3	4,2	**-3,9**	7,7	8,3	14,9	13,9	17,9	16,0	17,2	10,2	5,6
1957	6,1	3,3	7,3	10,7	10,0	11,5	17,8	19,1	17,5	15,0	11,1	6,9
1958	3,6	4,3	6,3	5,0	8,2	14,5	15,8	18,4	18,7	17,7	11,2	6,4
1959	5,1	3,2	4,1	9,0	10,9	14,9	17,6	**21,0**	19,4	18,4	12,6	6,9
1960	5,8	4,0	4,8	8,8	10,2	15,4	17,3	16,5	17,4	14,5	10,7	8,8
1961	3,3	3,5	8,4	9,6	12,9	12,7	16,6	17,6	18,6	19,1	11,5	6,3
1962	4,2	5,2	4,2	4,0	9,4	11,7	15,6	17,2	18,0	15,1	11,4	5,5
1963	1,1	**-2,2**	**-1,2**	7,0	10,1	12,4	16,0	18,8	16,3	15,2	10,9	9,8
1964	0,5	1,2	6,0	5,4	10,0	15,7	16,5	19,5	18,9	17,2	9,1	7,4
1965	2,8	3,8	2,0	7,5	9,6	13,4	16,3	16,1	17,4	13,8	11,6	6,1
1966	6,1	1,8	8,3	7,2	11,3	13,3	17,8	17,0	17,4	16,4	11,9	5,5
1967	6,0	4,1	6,4	8,4	9,1	12,9	15,5	20,3	18,2	15,5	12,6	6,6
1968	3,7	3,9	3,7	7,7	10,5	12,1	16,3	17,9	18,2	15,6	13,1	6,0
1969	2,0	5,5	2,6	7,1	10,2	14,2	15,8	20,0	18,8	16,7	13,3	7,5
1970	1,1	4,3	4,5	4,6	8,1	14,5	18,5	18,0	19,0	17,3	11,4	9,0

A	Déc A-1	Jan	Fév	Mar	Avr	Mai	Juin	Juil	Aou	Sep	Oct	Nov
1971	2,7	3,6	5,0	4,6	11,2	15,5	15,2	20,2	18,5	16,3	11,6	6,0
1972	4,6	3,1	5,7	9,5	9,4	12,5	14,3	18,6	17,3	13,5	10,4	7,3
1973	4,6	3,3	3,7	7,2	8,4	13,8	17,7	18,3	**20,9**	17,3	10,4	6,7
1974	4,1	6,9	5,6	7,7	10,6	13,0	16,4	17,9	19,1	14,4	7,5	7,9
1975	7,8	7,1	6,2	5,5	9,6	12,2	16,3	19,6	**21,2**	16,2	9,1	6,8
1976	2,9	5,0	4,8	6,3	9,6	15,4	**20,9**	**21,7**	20,3	15,1	12,0	7,1
1977	2,6	4,0	6,8	9,2	8,6	13,0	14,9	18,2	17,3	14,6	12,6	7,4
1978	6,0	3,2	3,0	7,9	8,2	13,2	15,3	17,3	16,9	15,7	11,8	6,4
1979	5,1	**-0,8**	3,1	6,6	8,8	13,0	16,6	18,5	17,2	15,9	11,8	7,1
1980	6,1	1,7	6,6	6,5	9,2	13,1	15,5	16,7	19,3	17,1	10,1	5,5
1981	3,7	4,6	3,3	10,1	10,3	13,4	15,8	18,1	19,2	16,6	10,4	7,7
1982	4,0	4,0	5,3	7,3	9,7	14,4	18,5	20,6	18,2	18,4	10,9	8,5
1983	4,9	6,4	2,5	7,8	9,3	12,1	18,2	**22,9**	20,3	16,3	11,7	7,7
1984	4,8	4,7	3,9	5,9	10,3	11,2	16,8	19,4	19,1	14,9	11,8	10,0
1985	5,1	**-0,9**	3,1	5,8	10,6	14,0	15,7	19,6	17,6	17,9	11,5	4,3
1986	6,1	4,2	**-1,9**	6,4	7,3	14,3	18,7	18,9	17,7	13,8	13,3	8,6
1987	5,8	**-1,7**	3,3	4,9	12,6	12,0	15,4	18,7	18,9	18,2	12,1	7,1
1988	4,6	7,2	5,2	7,3	10,9	15,0	16,7	17,6	19,2	15,7	12,3	6,6
1989	7,6	4,6	6,0	10,3	8,6	16,9	17,2	20,6	19,9	17,4	13,6	7,1
1990	5,3	5,5	9,2	9,7	9,7	16,8	16,0	20,0	**21,7**	15,7	13,4	7,6
1991	4,1	4,4	1,6	10,1	10,0	12,3	14,6	19,8	**21,1**	18,2	10,9	6,7
1992	4,0	3,4	5,5	8,7	10,1	16,4	17,0	20,2	**20,6**	15,7	9,1	9,1
1993	4,9	6,8	3,1	8,1	12,0	15,1	17,9	18,1	18,4	14,8	9,6	4,0
1994	6,8	6,1	5,0	9,9	9,6	14,5	17,5	**22,5**	19,6	15,1	11,6	11,3
1995	6,7	5,4	8,0	7,3	9,9	14,7	16,5	**22,0**	**21,7**	15,2	14,6	7,9
1996	3,4	4,0	2,7	6,8	11,0	12,1	18,4	19,1	19,2	14,7	11,7	6,9
1997	2,4	0,8	7,2	10,4	10,5	14,6	17,1	19,1	**23,4**	17,6	11,7	8,6
1998	6,0	5,2	6,4	8,9	9,7	16,6	17,8	18,1	20,0	16,5	11,3	5,3
1999	5,4	6,3	4,9	9,1	11,4	16,6	17,1	**21,2**	20,3	18,7	11,6	6,4
2000	5,5	4,4	6,8	8,6	10,6	16,1	18,1	17,7	**20,5**	17,1	11,7	8,3

SÉRIE THERMOMÉTRIQUE FRANCILIENNE

A	Déc A-1	Jan	Fév	Mar	Avr	Mai	Juin	Juil	Aou	Sep	Oct	Nov
2001	7,2	5,2	5,7	8,9	9,3	16,1	17,5	19,9	**20,6**	14,3	14,7	7,0
2002	3,7	5,6	7,7	9,5	11,5	13,9	18,4	18,9	19,3	15,9	12,0	9,1
2003	6,7	3,0	3,7	10,6	11,8	14,9	**21,1**	**21,0**	**23,9**	17,0	9,5	8,7
2004	5,3	5,0	5,8	7,5	11,2	13,9	18,1	19,1	20,2	17,7	12,1	7,9
2005	3,7	5,3	3,2	8,0	11,4	14,8	**19,6**	20,2	18,9	18,1	15,0	6,6
2006	4,0	3,1	3,3	6,2	10,9	15,1	19,0	**24,1**	17,7	19,4	14,5	9,3
2007	5,4	7,6	8,1	8,3	15,3	15,6	18,2	18,5	17,9	15,5	11,3	7,4
2008	4,5	6,6	6,7	7,4	10,0	17,2	17,8	19,7	19,0	15,2	10,9	7,7
2009	3,3	1,7	4,1	7,9	12,7	15,1	17,5	20,1	**21,3**	17,2	12,3	9,9
2010	4,1	1,3	3,9									

Les températures sur fond blanc sont celles des hivers (DJF) de température inférieure d'au moins 2 °C et des mois d'hiver de température inférieure d'au moins 3 °C (en gras) aux moyennes correspondantes du XIXe siècle.

Les températures sur fond noir sont celles des étés (JJA) de température supérieure d'au moins 1,33 °C et des mois d'été de température supérieure d'au moins 2 °C (en gras) aux moyennes correspondantes du XIXe siècle.

Référence :
ROUSSEAU D., 2009 : Les températures mensuelles en région parisienne de 1676 à 2008, *La Météorologie,* 8e série, 67, 43-55.

Brèves indications bibliographiques

On se reportera, pour une bibliographie complète, aux deux volumes d'Emmanuel Le Roy Ladurie, *Histoire humaine et comparée du climat* (en abrégé : *HHCC*), volume 1, *Canicules et glaciers,* XIIIe-XVIIIe *siècles* et volume 2, *Disettes et révolutions, 1740-1860*, Fayard, 2004 et 2006. Voir aussi les notes infrapaginales dans le présent ouvrage.

En outre, quelques ouvrages essentiels :

– E. Bard, *L'Homme face au climat*, Odile Jacob, 2006 ;

– G. Jacques et H. Le Treut, *Le Changement climatique*, éd. Unesco, 2004 ;

– J. Jouzel, *Climat : jeu dangereux*, Dunod, 2004 ;

– B. Francou et C. Vincent, *Les Glaciers à l'épreuve du climat*, Belin, 2007 ;

– Guillaume Séchet, *Quel temps ! Chronique de la météo de 1900 à nos jours*, Hermé, 2004.

– E. Garnier, *Les dérangements du temps*, Plon, 2010.

Table des matières

Photocomposition Nord Compo
Villeneuve d'Ascq

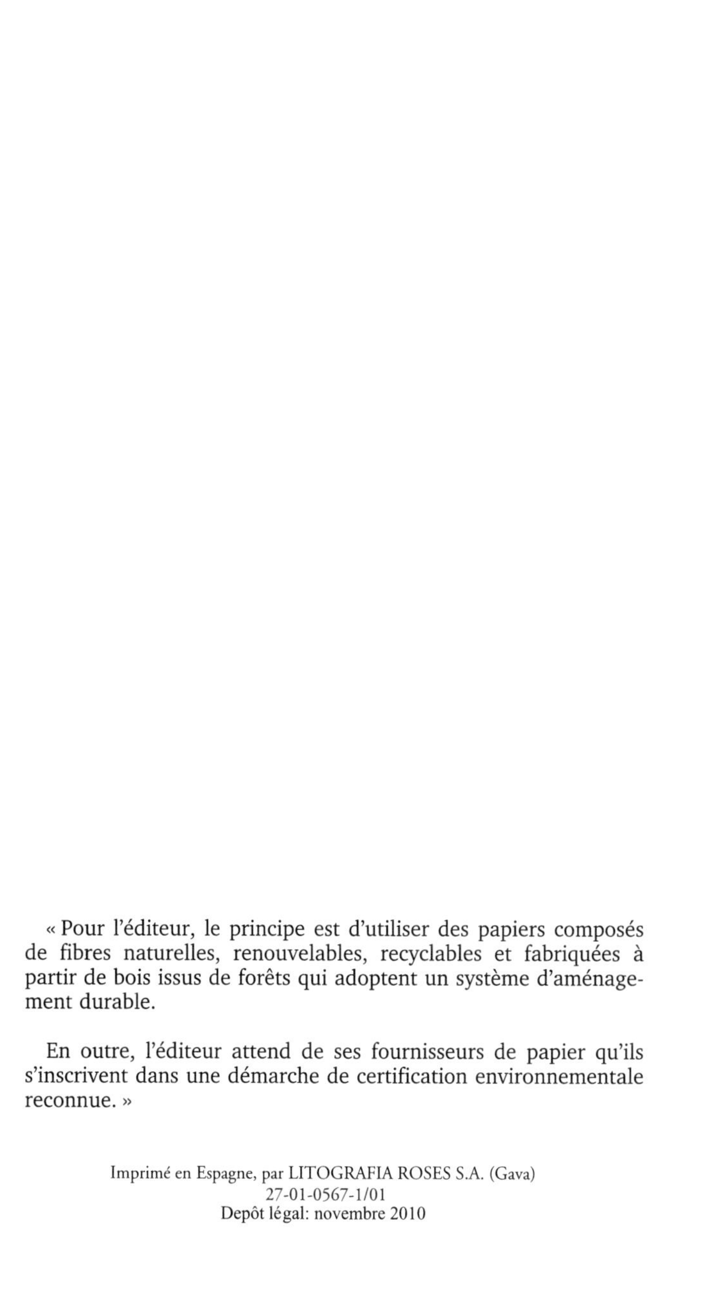

« Pour l'éditeur, le principe est d'utiliser des papiers composés de fibres naturelles, renouvelables, recyclables et fabriquées à partir de bois issus de forêts qui adoptent un système d'aménagement durable.

En outre, l'éditeur attend de ses fournisseurs de papier qu'ils s'inscrivent dans une démarche de certification environnementale reconnue. »

Imprimé en Espagne, par LITOGRAFIA ROSES S.A. (Gava)
27-01-0567-1/01
Depôt légal: novembre 2010